高等学校新工科计算机类专业教材

CodeIgniter+PhpStorm CMS
网站设计与开发

李高和　张艳莉　编著

西安电子科技大学出版社

内 容 简 介

CodeIgniter 是一套给 PHP 网站开发者使用的应用程序开发框架和工具包,它的目标是让读者能够更快速地完成网站开发项目。CodeIgniter 提供了日常任务所需的大量类库,以及简单的接口和逻辑结构。通过减少代码量,CodeIgniter 可以让读者更加专注于自己创造性的工作。

全书共 6 章。第 1 章介绍了计算机网络基础知识。第 2 章介绍了网站运行环境的搭建,以及当前市场上最新、最流行的后台技术组合 Apache+MySQL+PHP 的 XAMPP 系统的安装和配置,另外还介绍了 IIS 的相关内容。第 3 章介绍了网站开发工具,包括 Dreamweaver、FileZilla 和 PhpStorm。第 4 章介绍了网站开发技术,包括 HTML、JavaScript、Flash 和 ODBC。第 5 章介绍了网站开发语言,主要讲解了 PHP 的相关知识。第 6 章介绍了 CodeIgniter 的基础知识及其应用。

本书内容新颖,技术先进,结构清晰,叙述详尽,由浅入深,易于操作,资料齐全,适合计算机及相关专业学生学习使用,也可供程序设计人员和网站开发人员参考使用。

图书在版编目(CIP)数据

CodeIgniter + PhpStorm CMS 网站设计与开发 / 李高和,张艳莉编著. —西安:西安电子科技大学出版社,2020.12(2021.11 重印)
ISBN 978-7-5606-5894-0

Ⅰ. ①C…　Ⅱ. ①李…　②张…　Ⅲ. ①网站—开发—应用软件　Ⅳ. ①TP393.092

中国版本图书馆 CIP 数据核字(2020)第 181221 号

策划编辑　明政珠
责任编辑　聂玉霞　雷鸿俊
出版发行　西安电子科技大学出版社(西安市太白南路 2 号)
电　　话　(029)88202421　88201467　　　　邮　　编　710071
网　　址　www.xduph.com　　　　　　　　电子邮箱　xdupfxb001@163.com
经　　销　新华书店
印刷单位　陕西日报社
版　　次　2020 年 12 月第 1 版　　2021 年 11 月第 2 次印刷
开　　本　787 毫米×1092 毫米　1/16　印张 11.5
字　　数　268 千字
印　　数　1000～4000 册
定　　价　32.00 元
ISBN　978-7-5606-5894-0 / TP
XDUP 6196001-2
如有印装问题可调换

前　　言

随着网络技术的迅速发展，网站设计与开发的工具变得越来越重要。市面上的内容管理系统(Content Management System，CMS)满天飞，网络上的相关专业知识零零碎碎。到底哪一个 CMS 的框架最优，众说纷纭。特别是 Apache、MySQL 和 PHP 等系统的各种配置，因为过程复杂多变，每个开发者遇到的问题形形色色，网络上的资料并没有一个标准统一的解释。作者经过多年的学习和实践，竭力推荐大家学习和使用 CodeIgniter(CI)框架。为此，作者更是将已经完稿准备出版的教材《Dede 网站设计与开发》全部放弃，重新编写本教材，以期为读者提供最新的、最好用的 CMS 框架知识。

CodeIgniter 最早是由 Rick Ellis(EllisLab 公司的 CEO)开发的。这个框架为真实应用而编写。CodeIgniter 以其模型－视图－控制器(Model View Controller，MVC)架构迎合了最新的技术发展趋势，集成了很多类库、辅助函数以及从 ExpressionEngine 的代码中借鉴过来的子系统。在之前的很多年里，CodeIgniter 一直都是由 EllisLab 公司、ExpressionEngine 开发团队以及一群叫作 Reactor 团队的社区成员开发并维护的。2014年，CodeIgniter 由不列颠哥伦比亚理工学院接手，之后正式宣布 CodeIgniter 成为一个由社区维护的项目。CodeIgniter 的最新发展是由 Reactor 团队中的一部分精英带头推动的。来自 Ruby on Rails 的灵感启发读者去开发一个 PHP 框架，然后将框架的概念和意识带到 Web 开发社区中。

正像 CodeIgniter 开发团队描述的那样，CodeIgniter 是一套给 PHP 网站开发者使用的应用程序开发框架和工具包，它的目标是让读者能够更快速地开发网站。CodeIgniter 提供了日常任务所需的大量类库，以及简单的接口和逻辑结构。通过减少代码量，CodeIgniter 可以让开发者更加专注于自己的创造性工作。

CodeIgniter 是为谁准备的？如果——

- 你想要一个小巧的框架；
- 你需要出色的性能；
- 你需要广泛兼容标准主机上的各种 PHP 版本和配置；
- 你想要一个几乎零配置的框架；
- 你想要一个不需使用命令行的框架；
- 你想要一个不想被编码规则的条条框框限制住的框架；

- 你对 PEAR 这种庞然大物不感兴趣；

- 你不想被迫学习一种新的模板语言(当然如果你喜欢,你可以选择一个模板解析器);

- 你不喜欢复杂的操作,追求简单的过程；

- 你需要清晰、完整的文档。

那么,CodeIgniter 就是你所需要的。本书作者在维护迈科期货公司网站(http://www.mkqh.com/)过程中对以上性能深有体会。使用 CodeIgniter 开发出的系统运行速度很快,这也正是 CodeIgniter 团队最为标榜的优点之一。另外,使用 CodeIgniter 开发系统快捷方便,系统本身提供了完整的安全策略。对此,读者在学习的过程中会有更深刻的体验。

本书首先介绍了一些网站开发的基础知识,一步一步引导读者学习网站开发需要的环境搭建技术。然后详细介绍了目前技术市场上涉及的一般网站最新最流行的后台技术组合 Apache+MySQL+PHP 的安装和配置过程；介绍了 PhpStorm 编辑器的安装和配置过程,特别是 PhpStorm 编辑器,使用非常方便灵活。例如,读者配置好 PhpStorm 编辑器,在自己的计算机上开发 CodeIgniter 项目时,编辑网站程序文档,单击右键选择菜单即可快速方便地将程序提交到网站远程服务器的后台。最后还介绍了 PHP 编程和程序规范的相关知识,以帮助初学者养成良好的编程习惯。

作者近年来一直在给大学本科生讲授“网站开发技术”这门课程,主要讲解 HTML、CSS、JS 等内容。学习了 CodeIgniter 之后,作者深感有责任将 CodeIgniter 的知识介绍给学生。这样,学生的所学才能更好地面向社会、面向市场,学生毕业后也能及时地胜任自己的工作。

需要强调的是,本书借鉴了 CodeIgniter 中国(https://codeigniter.org.cn/)网站的部分内容,在此对 CodeIgniter 中国及其开发团队表示衷心的感谢!

本书共 6 章,其中第 1、2、3、6 章由李高和编写,第 4、5 章由张艳莉编写。

由于时间仓促,书中可能还存在疏漏之处,恳请读者批评指正。作者联系方式:gaoheli@xsyu.edu.cn。

作　者

2020 年 4 月

目　　录

1

第 1 章　计算机网络基础知识

1.1　计算机网络的发展

要进行网站的开发和设计，首先必须要了解一些计算机网络的基础知识。

今天，在人们生活中占据重要地位的互联网是美国大搞军事情报战的产物。随着冷战的结束，互联网保密性和封闭性丧失，由此计算机网络才得以高速发展。

20 世纪五六十年代美苏军备竞赛时期，美国军队担心苏联的飞机绕道北极前来空袭，于 1951 年授意并资助麻省理工学院建成了著名的林肯实验室，开始了"远距离预警系统"的研究。该系统是一种中央控制式网络结构，其目的是：第一，采集从各雷达站传来的信息；第二，通过计算判断是否有敌机来犯；第三，将防御武器对准来犯之敌。该系统是一个真正的实时人机交互网络系统。在运行时需要人工干预，因此属于"半自动"的系统，1952 年就开始投入使用。这种系统在 50 年代为美国搜集军事情报和协调各军事部门的作战立下了汗马功劳。

随着苏联 1957 年 10 月 4 日第一颗人造地球卫星"斯普特尼克 1 号"和 1957 年 11 月 3 日第二颗人造地球卫星"斯普特尼克 2 号"的发射成功，极大地降低了美国军队的威信和权威性，美国也因此对其拥有的中央控制式网络产生了质疑。1958 年 1 月 7 日，美国总统艾森豪威尔向国会提出了建立国防部高级研究计划署(Defense Advanced Research Projects Agency，DARPA)的要求，希望通过该机构的努力，确保不再发生毫无准备地看到类似苏联人造地球卫星上天这种让美国非常尴尬的事情。

1962 年古巴导弹危机后，美国军方向时任总统肯尼迪提出了一份建议，指出美国当时的网络布局存在着严重的隐患。因为中央控制式网络的先天不足，苏联的导弹只要摧毁该网络的中心控制部分，整个网络就会瘫痪。所以，美国军队的通信联络的网络化程度越高，受到的破坏也越强烈。这一问题引起了美国总统的高度重视，肯尼迪随即命令 DARPA 着手改进网络结构的安全性，以确保美国军队网络系统在遭受打击后，仍能够使各部门之间保持畅通的通信联络。

DARPA 经过长时间的研究和论证后得出，可以设计一种分散的指挥系统，它由许多指挥点组成，当部分指挥点系统遭到破坏之后，其他指挥点系统仍能正常工作，并且这些指挥点可以绕过那些遭到破坏的指挥点而保持联络。为了实施这一计划，DARPA 于 1969 年建立了 ARPANET 网络，该网络将加利福尼亚大学洛杉矶分校等几所大学的计算机主机连接起来，各个节点的大型计算机采用分组交换技术，通过专门的通信交换机和专门的通信线路相互连接。这个 ARPANET 网络就是互联网的基本雏形。

计算机网络的发展经历了以下几个阶段。

1. 第一代计算机网络

1946 年第一台计算机 ENIAC(Electronic Numerical Integrator And Computer)问世，该机由宾夕法尼亚大学的 John Mauchly 和 J.P. Echert 发明。该计算机占地约 170 平方米，重达 30 吨，使用了 18 000 个电真空管，耗资 40 万美元。

1954 年，一种称为收发器(Transceiver)的终端实现了将穿孔卡片上的数据通过电话线发送到远地的计算机中。之后，电传打字机作为远程终端和计算机实现了连接。

计算机一身兼二任，既要进行计算，又要进行通信，因而会大大降低计算机的利用率，另外，当计算机的接口过多时，配置过于复杂，也会影响计算机的灵活性，所以将计算机的计算和通信分开是最好的选择。这就是终端集中器，其作用就是将终端中的数据通过低速线路收集后再通过高速线路传到另一台计算机。它的配置是面向通信的。前端处理机与终端集中器作用类似，但后者具有路由选择功能，可根据数据包的地址将数据发往适当的计算机中。

2. 第二代计算机网络

早期计算机网络是面向终端的，是一种以单个主机为中心的星型网络结构，各终端通过通信线路共享主机的硬件和软件资源。

第二代计算机网络于 1969 年产生，美国国防部高级研究计划署(DARPA)建成了 ARPANET 网络，标志着现代计算机网络的开始。该网络强调网络的整体性，用户通过它不仅可以共享主机的资源，而且可以共享其他用户的软、硬件资源。ARPANET 网络开始只有 4 个节点，两年后达到 15 个节点。20 世纪 70 年代后期达到 60 个节点，主机有 100 多台，地域横跨美洲大陆，包括西部和东部的许多大学和研究机构，还可通过卫星与夏威夷、欧洲等地区相连。

ARPANET 网络具有以下特点：

- 资源共享；
- 分散控制；
- 分组交换；
- 采用了专门的通信控制处理机；
- 分层的网络协议。

3. 第三代计算机网络

早期计算机网络是条件组网，即网络只能在一个厂家生产的计算机之间进行互联。第三代计算机网络可以实现不同厂家计算机网络的互联。1977 年国际标准化组织成立了一个专门的机构——SC16 分技术委员会，提出了将各种计算机在世界范围内互联的标准框架，即 OSI 开放系统互连参考模型(Open System Interconnection / Reference Model，OSI/RM)。此标准框架不是一个具体的协议，而是一个模型，或称为标准，共分七层。各厂商的产品通过这个标准框架可以互相兼容。但是，一般厂商只使用了其中的三层。目前广泛流行的 TCP/IP 是四层协议，其原因是 Internet 最早使用了 UNIX 操作系统，而 UNIX 操作系统使用的是 TCP/IP 协议。TCP/IP 协议事实上成为了一个不是标准的标准，变成了一个行业的公认范本。

4. 第四代计算机网络

第四代计算机网络具有综合化和高速化的特点。综合化是指将语音、数据、图像等二进制代码的数字形式综合到一个网络中来传送。高速化是指高速网络的研究和开发，特别是光纤的使用，极大地提高了网络的传输速度。

1.2　计算机网络的概念

从组成角度讲，计算机网络是由通信线路互相连接的许多自主工作的计算机构成的集合，自主的意思就是不存在主从关系。从应用角度讲，计算机网络是将多台计算机连接在一起，能够实现各计算机之间信息的相互交换并可共享计算机资源的系统。

注意，计算机网络涉及计算机和通信两个方面，通信技术是计算机之间传输和交换数据的手段。数字信号技术的发展渗透到通信技术中，提高了网络的各项性能。

1. 计算机网络与计算机通信网的区别

计算机网络是以资源共享为主要目的的，如磁盘、打印机、文件、目录等数据的共享。计算机网络运行于计算机通信网上。计算机通信网是以传输信息为目的的，主要关心的是信息如何高效可靠地传输、传输遵守的协议以及对通信设备的控制管理等。

2. 计算机网络与分布式系统的区别

计算机网络与分布式系统的区别更多地取决于软件(尤其是操作系统)而不是硬件。在分布式系统(Distributed System)中，多台自主计算机的存在对用户是透明的(不可见)。用户运行一个程序时，操作系统选择合适的处理器，寻找所有的输入文件，然后传送给该处理器，并将结果存放到合适的位置。这一过程中，用户觉察不到使用了多个处理器。在计算机网络中，用户必须明确指定在哪一台机器上登录；明确远程递交任务；明确指定传输文件的源和目的；明确指定由哪台机器来管理整个网络。而在分布式系统中，这些内容无须用户指定，是由系统自动完成的。从效果上讲，分布式系统是建立在网络上的软件系统，具有高度的整体性和透明性。

1.3　计算机网络的组成

计算机网络通常由服务器、工作站、外围设备、通信协议和电信网这几部分组成。下面进行详细介绍。

1. 服务器

服务器(Server)是整个网络系统的核心，为网络用户提供服务并管理整个网络。服务器有文件服务器、通信服务器、邮件服务器、备份服务器、打印服务器等类型。

小型局域网中的服务器一般提供文件和打印两种服务，并且通常将文件和打印服务集中到一台计算机上进行。目前，中小型局域网中一般使用性能较高的 PC 作为服务器。

2. 工作站

工作站(Workstation)是指连接到网络上的计算机，不同于服务器，工作站只是一个接入设备，它的接入和离开并不会对网络系统产生影响，工作站也称用户机或客户机。

3. 外围设备

外围设备是指计算机以外与计算机通过网络相连接的设备。网络连线的介质一般有同轴电缆、双绞线和光缆等。连接设备有网卡、集线器(HUB)、交换机(Switching HUB)、路由器等。路由器、网桥用于大型局域网和广域网。

4. 通信协议

通信协议是指网络中通信各方事先约定的通信规则。简单地说，它是指各计算机之间进行相互会话所使用的一套软件。注意，两台计算机之间进行通信时，必须使用相同的协议。目前 Internet 上广泛使用的是 TCP/IP 协议，当然还有其他一些协议，如 NetBEUI、IPX/SPX 等。下面着重介绍 TCP/IP 协议。

TCP/IP 协议分为四层：主机至网络层、互联网层、传输层和应用层。

传输控制协议/网际协议(Transmission Control Protocol/Internet Protocol，TCP/IP)是目前常用的一种计算机通信协议，是因特网的基础协议。该协议最早出现在 UNIX 系统中，现在几乎所有的厂商和操作系统都支持它。

TCP/IP 通信协议的特点是灵活性好，支持任意规模网络，几乎可连接所有的服务器和工作站，但配置比较复杂，需要了解和掌握 IP 地址、子网掩码、默认网关、主机名等概念。TCP/IP 是一种可路由的协议。

Windows 7 操作系统中 TCP/IP 协议的配置步骤是：开始→控制面板→查看网络状态和任务→本地连接(网线必须连接到网络上才能看到"本地连接")→属性→网络→Internet 协议版本 4 或 6，如图 1-1 所示。

图 1-1　Windows 7 操作系统中 TCP/IP 协议的配置

5. 电信网

说到大型网络,特别是 Internet,就不得不提电信网。一个完整的电信网主要由硬件和软件两个部分组成。电信网的硬件一般由终端设备、传输系统和转接交换系统三部分电信设备构成,是构成电信网的物理实体。电信网的软件是指电信网为了能很好地完成信息的传递和转接交换所必需的一整套协议标准,包括电信网的网络结构、网内信令、协议和接口以及技术体制、技术标准等,是电信网实现电信服务运行支撑的主要组成部分。终端设备是电信网的外围设备。它将用户要发送的各种形式的信息转变为适合与之相关的电信业务网传送的电磁信号、数据包等,或反之,即将电信网络中收到的电磁信号、符号、数据包等转变为用户可识别的信息。传输系统是信息传递的通道。它将用户终端设备与转接系统(节点),以及传输交换系统(节点)相互之间连接起来,从而形成网络。转接交换系统是电信网的核心。它的基本功能是完成接入交换节点链路的汇集、转接接续和分配。图 1-2 所示就是一个学校的计算机网络结构示例图。

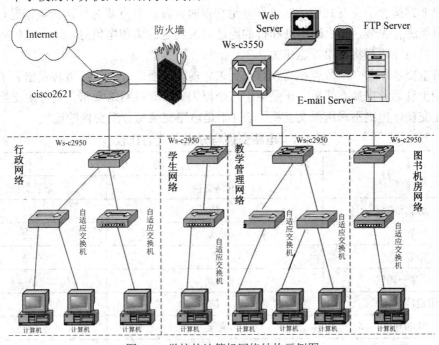

图 1-2 学校的计算机网络结构示例图

1.4 计算机网络的分类

计算机网络的分类方法有很多,下面对常用的分类方法进行介绍。

1. 按照交换方式分类

交换节点转发信息的方式称为交换方式。按照交换方式分类,计算机网络分为电路交换、报文交换和分组交换三种。

(1) 电路交换(Circuit Switching)也称为线路交换。电路交换方式是把发送方和接收方用一系列链路直接连通。例如,目前使用的电话交换系统采用的就是这种交换方式。电路交换的特点是数据传输前要建立一条端到端的连接，建立连接需要等待较长的时间。因为通路专用，因而不会有干扰和冲突，一旦接通好后，数据的唯一延迟就是电磁信号的传播延迟。电路交换适用于传输大量的数据，传输少量数据则效率比较低。

(2) 报文交换(Message Switching)。采用这种方式不预先建立通路。发送数据时，数据被放到第一交换点(节点，即路由器)，由节点检查是否有错，若无错误，则将数据发送出去，数据就这样一级一级地中转向前发送。使用这种技术的网络被称为存储一转发(Store-and-Forward)网络，如电报系统、E-mail 等。报文交换中没有专用大小的限制。某一数据块可能会占据路由器至下一个路由器的某条线路数分钟，这使得报文交换对于交互式通信基本没有什么用处。报文交换的特点是不用建立专用链路，线路利用率高。

(3) 分组交换(Packet Switching)。分组交换是基于数据分组(Packet)而采用的一种网络交换方式。分组交换对分组的大小有严格的上限要求，这样可使分组被缓存到路由器的主存中，而不是磁盘中。通过分组确保用户不能够独占任何传输线路太长时间(ms 级)，因此分组交换非常适合于交互式通信。进行分组交换时，发送节点要对传送的数据进行分组，对各个分组进行编号，加上源地址和目的地址以及约定的头和尾信息，这一过程叫作信息的打包。打包完成后将分组发送出去。

在分组交换中，一个节点在后续分组到来之前，前面的分组已经被转发出去了，这样就可以减少延迟并提高吞吐量。正是由于这个原因，计算机网络常常采用分组交换，偶尔采用电路交换，但绝不采用报文交换。表 1-1 是电路交换与分组交换的比较。

表 1-1 电路交换与分组交换的比较

项　目	类　型	
	电路交换	分组交换
独占通路	是	不是
带宽	固定	可变
浪费带宽	是	不是
存储一转发	不是	是
分组走同一条通路	是	不是
呼叫建立	需要	不需要
出现拥塞	建立时	每个分组都可能
计费方式	时间(考虑距离而不是流量因素)	分组数(字节数)

2. 按网络的拓扑结构分类

拓扑是指网络中各种设备之间的连接形式。按照拓扑结构分类，计算机网络常见的有总线型、星型和环型三种。

(1) 总线型：用一条通信线路(总线)将每一台工作站都连接起来的结构，属于共享、广播方式的通信。总线型拓扑结构一般使用同轴电缆进行连接。同轴电缆两端都安装有终端电阻器，防止反射信号干扰。总线型结构适用于少量的计算机连接，一般连接的计算机少于 20 台；网络的稳定性差，任意一点的断开都可使整个网络瘫痪。总线型结构主要用于10 Mb/s 以下的共享网络。总线型网络结构如图 1-3 所示。

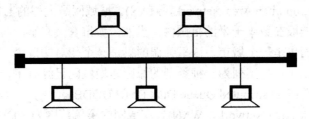

图 1-3　总线型网络结构

(2) 星型：所有的工作站都连接到集线器或交换机上，任何两台计算机之间的通信都要经过集线器或交换机。星型拓扑结构的特点是交换机可以进行级联，但最多不能超过 4 级，工作站的接入或退出不影响网络的正常工作，一般使用双绞线进行连接，符合综合布线的标准，可以满足多种带宽的要求，如 10 Mb/s、100 Mb/s、1000 Mb/s 等。星型网络结构如图 1-4 所示。

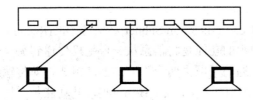

图 1-4　星型网络结构

(3) 环型：每个工作站连接在一个封闭的环中，信号依次通过所有的工作站，最后再回到起始工作站。每个工作站是否接收此信息，取决于信息的目的地址。环型拓扑结构的特点是每个工作站相当于一个中继器，接收到信息后可将其强度恢复到信号原有的强度，但这种网络结构增加用户困难，可靠性差，不易管理。环型网一般作为主干网络使用，在中小型局域网中很少使用。环型网络结构如图 1-5 所示。

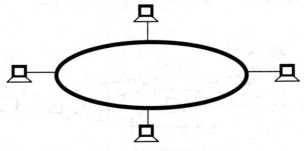

图 1-5　环型网络结构

3. 按网络的范围大小分类

计算机网络按范围大小分为局域网、城域网和广域网。

(1) 局域网(Local Area Network，LAN)。所谓的局域网是指覆盖范围受到限制的计算机网络，覆盖范围一般是 10 m～1 km，如同一个房间、同一个建筑物、同一个园区等。通常的校园网、企业网、公司内部网等都属于局域网的范畴。局域网是一个纯数字形式的网络，它不同于通过调制解调器连接的工作方式，不存在数字信息和模拟信号的相互转换。

(2) 城域网(Metropolitan Area Network，MAN)。城域网是大型的 LAN，是指一个城市大小范围的网络，一般在数十千米的范围内。当然，城市有大有小，西安是一个城市，北京是一个城市，纽约也是一个城市，这里强调的只是一个相对的概念。不过城域网的概念在网络术语中很少使用，将其列为一种类型的原因是城域网已经有了一个标准，该标准的名称为分布队列双总线(Distributed Queue Dual Bus，DQDB)。

(3) 广域网(Wide Area Network，WAN)。广域网的覆盖范围为 100～1000 km，是指同一个国家、同一个洲甚至是环绕整个地球范围的一种更大的地区网络。Internet 就是世界上最大的广域网。

按网络的范围大小分类只是一个相对的概念，并不是绝对的，也就是说是一个大体上的范围，界限不是十分清楚。随着网络技术的发展，计算机网络延伸的范围越来越广泛，使用的技术也越来越复杂，采用上面的分类方法有时很难准确划分。按照现阶段的实际情况，有些学者将计算机网络分为工作组网、校园网(社区网)、企业网(公司网)和全球广域网。

广域网由通信子网(Communication Subnet)和资源子网(Resource Subnet)组成，如图 1-6 所示。通信子网(或称子网)的功能是将信息从一台主机传递到另一台主机。主机也可称为端点系统(End System)。通信子网由两个不同的部件组成，即传输线和交换单元。传输线也可称为线路(circuit)、信道(channel)或干线(trunk)，其功能是在机器之间传送比特；交换单元是一种特殊的计算机，用于连接两条或更多的传输线。当数据从输入线到达时，交换单元必须为它选择一条输出线以便传送它们。通常将交换单元称为路由器(router)。通信线路和路由器(不包括主机)的集合就组成了子网(subnet)。WAN 采用了大量的电缆和电话线，每一条线都连接一对路由器。如果前面的路由器要发送信息，则其后面相临的路由器在接收到信息之后，首先要进行校验，正确接收之后进行保存，然后当输出线路空闲时再向下一个路由器发送，依此类推，像传递接力棒一样，从一个节点传送到另一个节点，直到信息到达目的地。使用这种原理的子网被称为点到点(Point-to-Point)、存储一转发或分组交换子网。

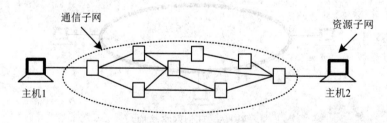

图 1-6　通信子网和资源子网

互联网是互联的网络集合，一般由 WAN 连接起来的 LAN 集合组成。子网、网络和互联网的区别在于，只有在谈到广域网时子网才有意义，它是由网络经营者拥有的路由器和通信线路组成的集合。例如，电信公司由交换部门组成，部门之间由高速线路连接，而过去连到住户和商业部门一般使用低速线路，现阶段也有光纤到户的高速线路连接。这些线路和设备(属于电信公司拥有)组成了众多的子网，而电话本身(与之相对应的是计算机网络中的主机)不是子网的一部分。子网和主机构成了网络。在 LAN 中，电缆和主机构成了网络，没有子网的概念。不同的网络连接起来就组成了互联网。

1.5　计算机网络的传输方式

计算机网络的传输方式分两种，即同步传输和异步传输。

1. 同步传输(Synchronous Transmission)

同步传输要求通信双方准确协调地以相同的速度进行，它通过共享一个时钟或定时脉冲源保证发送方和接收方准确同步。其特点是在数据块前加同步位标识组成帧，每个字符位数相同，没有起始位和停止位，传输效率高，适合于短距离高速数据的传输。同步方式分为字节同步和位同步，一般采用后一种方式，如 HDLC(高级数据链路控制)。

2. 异步传输(Asynchronous Transmission)

异步传输是指发送和接收双方可采用各自的时钟频率并且都遵循异步通信协议，即双方的字符数据位数、奇偶校验方法和停止位数必须相同。按字符传输，发送方发送字符的时间间隔不确定。字符传输以起始位开始，以停止位结束。异步传输的特点是传输效率低、成本低，一般有 20%～30%的损耗。

从同步传输与异步传输的特点来看，异步传输是"起—止"式同步通信，即从起始位开始到停止位结束之间的一个字符内按约定的频率进行同步通信。各字符之间可以有间隔，并且此间隔可以不固定。而同步传输要求达到位同步和字符同步。因此，当输出一端的速度不均匀时必须使用异步方式传输。

这里给大家厘清一个概念，就是网络速度的表示方法，我们说网络速度是 100 M(100兆)，实际上是说网络传送的速度是 100 Mb/s，即每秒 100 兆位(0、1 位)。另外，要注意这里的单位是"位"(bit，binary digits，比特)，不是"字节"(B，Byte)，1 B = 8 bit。不同二进制单位之间的对应关系如下：

1 KB (Kilobyte，千字节) = 1024 B；

1 MB (Megabyte，兆字节，简称"兆") = 1024 KB；

1 GB (Gigabyte，吉字节，又称"千兆") = 1024 MB；

1 TB (Trillionbyte，万亿字节，太字节) = 1024 GB；

1 PB(Petabyte，千万亿字节，拍字节) = 1024 TB；

1 EB(Exabyte，百亿亿字节，艾字节) = 1024 PB；

1 ZB(Zettabyte，十万亿亿字节，泽字节) = 1024 EB；

1 YB(Jottabyte，一亿亿亿字节，尧字节) = 1024 ZB；

1 BB(Brontobyte，一千亿亿亿字节) = 1024 YB。

其中，$1024 = 2^{10}$。

1.6　计算机网络局域网

局域网常见的结构有对等式网络结构、专用服务器结构和客户—服务器结构。

1. 对等式(Peer-to-Peer)网络结构

对等式网络结构是指网络中不需要专用的服务器，每一台接入的工作站既是服务器，也是工作站，拥有绝对的自主权，工作站与服务器是相对的概念。可用于对等网络的操作系统有 DOS、Windows 9×/NT/2000 等。

2. 专用服务器(Server-Based)结构

专用服务器结构是指网络中必须要有一台专用文件服务器，工作站与工作站之间通信时必须通过服务器进行。NetWare 网络操作系统就是典型的专用服务器结构。这种结构有利于网络的严格管理，保密性好、可靠性高，但无法实现工作站上资源的共享。

3. 客户—服务器(Client-Server)结构

客户—服务器结构也称为主从式结构。它解决了专用服务器结构中存在的不足，客户(Client)端既可以与服务器(Server)端进行通信，同时客户端之间也可以不需要经过服务器直接进行通信，因此，对等式网络结构是客户—服务器结构的一种特例。Windows NT Server 和 Windows 2000 Server 是典型的客户—服务器结构操作系统。客户—服务器结构下的通信效率比较高，可以实现工作站上资源的共享，但安全性比较差。

值得注意的是，局域网的网络结构与它的拓扑结构是没有关系的，拓扑结构强调的是网络中工作站及其设备的连接方式，而网络结构强调的是网络内部数据的传输方式。

1.7　计算机网络基础知识

本节将介绍有关计算机网络的基础知识。

1. IP 地址

TCP/IP 互联网上的每台主机都被分配了一个唯一的 32 比特的互联网地址(Internet Address)或者 IP 地址(IP Address)，该地址用在所有与该主机的通信中。IP 地址每 8 位为一段(segment)，共 4 段(segment1～segment4)，段与段之间用 "." 隔开。为了便于记忆，用十进制表示，称为带点十进制标记法(Dotted Decimal Notation)。IP 地址组成：网络 ID + 节点 ID(主机号)。IP 地址分 A、B、C、D、E 五类格式，如图 1-7 所示。

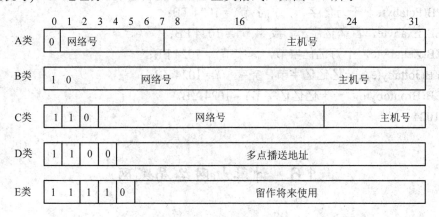

图 1-7　IP 地址的五类格式

对每一类 IP 地址的范围做如下说明：

A 类：1.0.0.0～127.255.255.255，A 类地址共有 126 个，每个地址有 1600 万个主机。

B 类：128.0.0.0～191.255.255.255，B 类地址共有 16 382 个，每个地址有 64 000 个主机。

C 类：192.0.0.0～223.255.255.255，C 类地址共有 200 万个，每个地址有 254 个主机。

D 类：224.0.0.0～239.255.255.255，D 类地址用于多点播送、数据报发往多个多点播送主机。

E 类：240.0.0.0～247.255.255.255，E 类地址留作将来使用。

在 IP 地址中，并不是所有的地址都可以被随便使用。数字"0"和"1"有特殊意义。数字"0"表示本网络或者本主机(this)，数字"1"表示一个广播地址，代表网络中的所有主机。

按照规定，有一个正确的网络号，主机号的所有位都是"0"的地址保留给该网络本身；而有一个正确的网络号，主机号所有位都是"1"的地址是一种广播地址，这种广播地址称为定向广播地址(Directed Broadcast Address)，用于对一个远程网的广播。

网络号和主机号全是"1"的地址(32 个 1)也是一种广播地址，这种广播地址称为有限广播地址(Limited Broadcast Address)或者本地网络广播地址(Local Broadcast Address)，即局域网中的广播地址，主要应用于一个主机在了解它自己的 IP 地址或者本网的 IP 地址之前，把有限的广播地址作为启动程序的一部分。当主机一旦知道了本地网络正确的 IP 地址时，它就应该使用定向广播。

另外，还有如下两种特殊地址：0.0.0.0 表示本机地址，用于启动后不再使用的主机。127.XXX.YYX.ZZZ 表示回路(Loop Lack)测试，发送到这个地址的分组不输出到线路上，被内部处理并当成输入分组。一般用于发送者不知道网络号的情况下向内部网络发送分组，经常用于网络软件查错。

还有一些特殊地址是不能随便被使用的，例如：224.0.0.1 表示 LAN 上的所有系统；224.0.0.2 表示 LAN 上的所有路由器；224.0.0.5 表示 LAN 上的所有 OSPF(开放最短路径优先)路由器；224.0.0.6 表示 LAN 上的所有指定 OSPF。

上面介绍的 D 类多点播送地址可以应用在分布式数据库、为所有经纪人传送股票信息、管理数字电话会议等场合。多点播送会尽最大的努力将分组送给所有的成员，但不能保证全部送到，有些成员可能收不到这个分组。例如，在机房中，教师控制所有计算机，让每一个学生在自己的计算机屏幕上同步看到他正在讲解的内容，这类软件就使用了多点播送。

另外，网络 ID 必须向互联网络信息中心(Internet Network Information Center，Internet NIC)申请获取，在我国是向当地的电信部门申请。到目前为止，IP 地址基本上已经用尽。全球 IP 地址的分配情况如下：

194.0.0.0～195.255.255.255：分配给欧洲。

198.0.0.0～199.255.255.255：分配给北美。

200.0.0.0～201.255.255.255：分配给中美和南美。

202.0.0.0～203.255.255.255：分配给亚洲和太平洋地区。

选择 IP 地址的原则是网络中每个设备的 IP 地址必须唯一，在不同的设备上不允许出现相同的 IP 地址。

IPv4 是 32 位的 IP 地址，由于地址空间有限，在世界范围内基本上已经使用殆尽。所以，现在开始使用 IPv6(IPv5 的概念被其他标准使用)，它是 128 位的 IP 地址，地址空间非常巨大，可以说在未来的 100 年内也是够用的。

2. 子网掩码

讲到 IP 地址，就不得不提到子网掩码。对 IP 地址的解释称为子网掩码。子网掩码的主要功能有以下两点：

(1) 确定某个 IP 地址是否与其他 IP 地址属于同一个局域网。

例如在一个局域网中，有三个 C 类 IP 地址，分别是：202.200.117.27，202.200.117.23，202.200.203.105。该局域网的子网掩码是 255.255.255.0，将每一个地址与子网掩码作"与"运算，得到的结果分别是：202.200.117.0，202.200.117.0，202.200.203.0。这说明第一、第二个 IP 地址属于同一个网络，而第三个 IP 地址属于另外一个网络。

(2) 在多网段环境中对 IP 地址的网络 ID(Network ID)进行扩展。

例如一个 C 类 IP 地址是 202.200.117.X，理论上该网络可以设置 0～255 台主机。如果该网络的子网掩码为 255.255.255.0，那么子网掩码的二进制表示形式为 11111111.11111111.11111111.00000000。若分成多个子网段，如分成四段，则可将子网掩码设置为 255.255.255.192，即二进制子网掩码为 11111111.11111111.11111111.11000000。这样，就将这个 C 类 IP 地址中的 256 台主机分成了四个网段，具体如下：

202.200.117.0～202.200.117.63：主机号二进制范围是 00XXXXXX。

202.200.117.64～202.200.117.127：主机号二进制范围是 01XXXXXX。

202.200.117.128～202.200.117.191：主机号二进制范围是 10XXXXXX。

202.200.117.192～202.200.117.255：主机号二进制范围是 11XXXXXX。

上面的 IP 地址与子网掩码相"与"的结果分别是：202.200.117.0，202.200.117.64，202.200.117.128，202.200.117.192。

从上面的结果可以看出，此时网络共有四个网段，理论上每个网段最多可设置 64 台计算机。四个网段的子网掩码都是相同的，但相"与"后的结果却是不同的，这就表示已经将网络分段了。实际上这种设置方式是用主机 ID 的空间换取了网络 ID 的空间。从上面的例子还可以看出，可利用一个 C 类 IP 地址将网络分为不同的段。另外，同是一个 IP 地址，如 202.200.117.233，但由于子网掩码不同，所以属于不同的网段。不同的 IP 地址是否为同一网段，可将 IP 地址与子网掩码相"与"进行判断，若相同，则为同一网段；否则，不是同一网段。为了让子网掩码能正常工作，同一网段的所有设备都必须支持子网掩码，且子网掩码相同。

这里给大家澄清一个概念：网关(Gateway)。网关用来连接异种网络或者同种网络的不同网段。它充当一个翻译的身份，负责翻译不同的通信协议，使运行不同协议的两种网络之间可以实现互相通信。如果两个运行 TCP/IP 协议的 Windows NT 网络之间要进行互联，则可使用 Windows NT 提供的"默认网关"(Default Gateway)来完成。

3. 域名

域名(Domain Name)又称网域，是由一串用点分隔的名字组成的 Internet 上某一台计算机或计算机组的名称，用于在数据传输时对计算机的定位标识(有时也指地理位置)。由于IP 地址具有不方便记忆并且不能显示地址组织的名称和性质等缺点，于是人们又发明了另一套字符型的地址方案，即所谓的域名地址。IP 地址和域名是一一对应的。注意这种对应是整体对应，不是段与段的对应。通过域名系统(Domain Name System，DNS)来将域名和IP 地址相互映射，使人们更方便地访问互联网，而不用去记忆能够被机器直接读取的 IP地址数字串。域名类似于如下结构：

　　　　　　计算机主机名.网络名.机构名.最高层域名

这是一种分层的管理模式，域名用英文名称表达，比用数字表示的 IP 地址更容易被人们记忆。例如，www.xsyu.edu.cn 是西安石油大学的域名，实际上它对应的 IP 地址是121.194.14.67。域名系统是因特网的一项核心服务，它作为可以将域名和 IP 地址相互映射的一个分布式数据库，是进行域名和与之相对应的 IP 地址转换的系统，搭载域名系统的机器称为域名服务器，能够使人们更方便地访问互联网。当前，对于每一级域名长度的限制是 63 个字符，域名总长度则不能超过 253 个字符。域名同时也仅限于 ASCII 字符的一个子集。

另外，在域名中大小写是没有区分的。域名一般不能超过 5 级，从左到右的级别依次变高，高一级域包含低一级域。最右边的是顶级域名，如"cn"表示中国。域名在整个 Internet中是唯一的，当高级子域名相同时，低级子域名不允许重复。

域名的注册依管理机构的不同而有所差异。自 2009 年 11 月起，中国开始实行域名实名制管理。2018 年 8 月 25 日，国务院颁布了《国务院办公厅关于加强政府网站域名管理的通知》。

4. 统一资源定位系统

因特网上的可用资源可以用简单字符串来表示，而这些字符串则被称为统一资源定位系统(Uniform Resource Locator，URL)。统一资源定位系统是因特网上万维网(WWW)服务程序中用于指定信息位置的表示方法。

正如访问资源的方法有很多种一样，对资源进行定位的方案也有好几种。URL 的一般语法只是为使用协议来建立新方案提供了一个框架。URL 通过提供资源位置的一种抽象标识符来对资源进行定位。URL 由一串字符组成，这些字符可以是字母、数字和特殊符号。例如，http://www.xsyu.edu.cn/internationalnews/20200131/85127.html 就是对 Internet 上一个文件进行访问的 URL。

5. 端口号

提到 IP 地址，还有一个重要的概念必须提到，这就是端口号。所谓的端口，就好像是门牌号一样，客户端可以通过 IP 地址找到对应的服务器端，但是服务器端有很多端口，每个应用程序对应一个端口号，通过类似门牌号的端口号，客户端才能真正地访问到该服务器。为了对端口进行区分，将每个端口进行了编号，这就是端口号。

端口号的主要作用是表示一台计算机中的特定进程所提供的服务。网络中的计算机是通过 IP 地址来代表其身份的，它只能表示某台特定的计算机，但是一台计算机可以同时提供很多种服务，如数据库服务、FTP 服务、Web 服务等，于是人们通过端口号来区别相同计算机所提供的这些不同服务。例如，端口号 21 表示的是 FTP 服务，端口号 23 表示的是 Telnet 服务，端口号 25 表示的是 SMTP 服务，等等。在同一台计算机上端口号不能重复，否则，就会产生端口号冲突。

TCP 与 UDP 结构中端口号都是 16 比特长，范围为 0～65 535。对于这 65 536 个端口号有以下的使用规定：

(1) 小于 1024 的端口号定义为专用端口号，用户不能随便使用。

(2) 1024～49 151 是被注册的端口，也称为用户端口。

(3) 其他端口号预留。

在 Windows 操作系统中的"开始"处输入 cmd，打开命令提示符，输入 netstat –n，就可以看到本机正在使用的 IP 地址和网络端口号，如图 1-8 所示。

图 1-8　本机目前使用的 IP 地址和网络端口号

6. Ping 命令

Ping 是因特网包探索器(Packet Internet Groper)测试网络连接情况的程序。Ping 也是工作在 TCP/IP 网络体系结构中应用层的一个服务命令，其主要作用是向特定的目的主机发送因特网报文控制协议(Internet Control Message Protocol，ICMP)Echo 请求报文，测试是否可达目的站并了解其有关状态。

在 Windows 操作系统中的"开始"处输入 cmd，打开命令提示符，输入 ping IP 地址或者域名，就可以判断本机与测试的 IP 地址或者域名的网络连接状态。通常使用 ping 127.0.0.1 来判断本机的操作系统状况，这个地址一般是能够 Ping 通的，如图 1-9 所示。

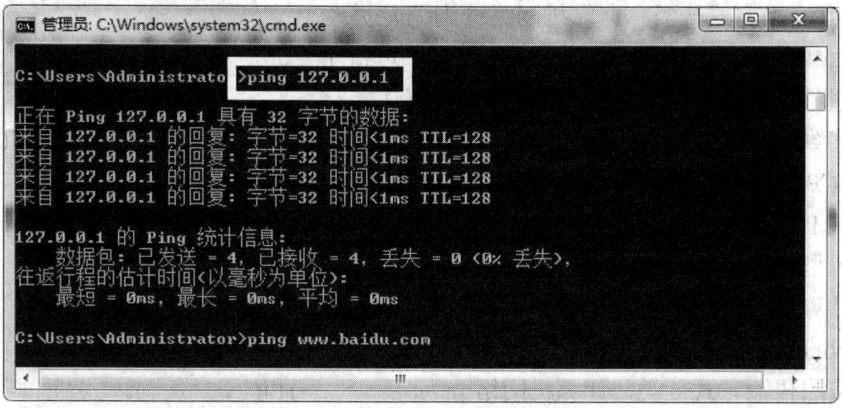

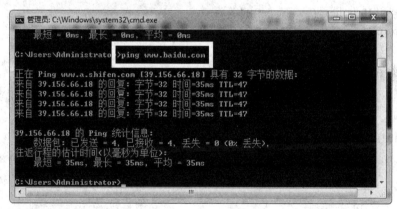

图 1-9　Ping 命令的使用(1)

图 1-9 中的 TTL(Time To Live)表示 DNS 记录在 DNS 服务器上存在的时间，它是 IP 协议包的一个值，告诉路由器该数据包何时需要被丢弃。人们可以通过 Ping 返回的 TTL 值大小，粗略地判断目标系统类型是 Windows 系列还是 UNIX/Linux 系列。默认情况下，Linux 系统的 TTL 值为 64 或 255，Windows NT/2000/XP 系统的 TTL 值为 128，Windows 98 系统的 TTL 值为 32，UNIX 主机的 TTL 值为 255。

记住一个 Ping 能够成功连通的域名可以帮助检查网络的连通性，如 www.baidu.com，使用 Ping 命令检查其连通性的结果如图 1-10 所示。

图 1-10　Ping 命令的使用(2)

思考和练习

1. 第一台计算机是什么时候被发明的？
2. 最早的计算机网络名称是什么？
3. 美国国防部高级研究计划署负责研制的最早的计算机网络是哪一年完成的？
4. UNIX 使用的计算机网络协议是什么？
5. 国际标准化组织完成的计算机网络协议名称是什么？
6. ARPANET 的特点是什么？

7. 按照交换方式分类，计算机网络分为哪几类？

8. 按照网络大小范围分类，计算机网络分为哪几类？

9. 按照拓扑结构分类，计算机网络分为哪几类？

10. 计算机网络主要由四部分组成，分别是(　　　　)、(　　　　)、(　　　　)和(　　　　)。

11. TCP/IP 协议分四层，分别是(　　　　)层、(　　　　)层、(　　　　)层和(　　　　)层。

12. TCP/IP 协议的英文全称是(　　　　　　　　)，中文意思是(　　　　　　　　)。

13. 星型拓扑结构网络中的交换机最多可以级联(　　　　)级。

14. 计算机网络的概念是什么？

15. Windows 7 操作系统中 TCP/IP 协议在哪里配置？请描述过程。

16. 按照传输方式分类，计算机网络分为(　　　　)和(　　　　)。

17. 若网络的速度是 100 M，则它的实际单位是(　　　　)。

18. 1 KB (Kilobyte，千字节) = (　　　　)B；

　　 1 MB (Megabyte，兆字节，简称"兆") = (　　　　)KB；

　　 1 GB (Gigabyte，吉字节，又称"千兆") = (　　　　)MB；

　　 1 TB (Trillionbyte，万亿字节，太字节) = (　　　　)GB。

19. 局域网常见的结构有(　　　　)结构、(　　　　)结构和(　　　　)结构。

20. IPv4 地址总共有(　　　　)位，共分(　　　　)段，分(　　　　)类。

21. 什么是同步传输?什么是异步传输？

22. 域名和 IP 地址是(　　　　)的关系。

23. TCP/IP 协议中端口号是一个(　　　　)位二进制数字。

24. 子网掩码的概念是什么？

25. 域名的概念是什么？

26. 请在网络上查找 Ping 命令的相关资料，描述 Ping 命令的总用法。用实际操作界面完成该作业。

27. 一个 IPv6 地址是(　　　　)位二进制数字。

第 2 章　网站运行环境的搭建

要开发一个好的网站，环境的选择和搭建是非常重要的，因为接下来所有网站开发项目都是在所搭建的环境(或者称为平台)中完成的。

环境搭建涉及三个部分的软件：Apache、MySQL 和 PHP。网络上下载软件的地方很多，系统软件的类型也很多，如 XAMPP、护卫神、PHPWAMP、APMServ、WampServer、phpStudy、PHPnow、EasyPHP、AppServ、PHPMaker、VertrigoServ、XSite、WempServer等。关于这些软件的优缺点，网上的评论不少，大家可以参考进行选择。本书作者选择比较流行的 XAMPP 进行环境搭建的介绍。经过这一章的学习，读者将会对网站运行环境搭建的安装过程一目了然，对所涉及的繁杂配置提前做到心中有数，在以后的实际网站开发过程中做到游刃有余。

2.1　XAMPP 的下载和安装

XAMPP(Apache+MySQL+PHP+Perl)是一个功能强大的建站集成免费软件包。这个软件包原来的名字是 LAMPP，但是为了避免让人误解，最新的几个版本就改名为 XAMPP了。它可以在 Windows、Linux、Solaris、Mac OS X 等多种操作系统下安装使用，支持多种语言，包括英文、简体中文、繁体中文、韩文、俄文、日文等。

许多人通过他们自己的经验认识到安装 Apache 服务器是一件很困难的事情。如果想添加 MySQL、PHP 和 Perl，那就更难了。但是，XAMPP 是一个易于安装且包含 MySQL、PHP 和 Perl 的 Apache 发行版。

XAMPP 的版本一直在不断地更新，不一定要选择最新版，安装目前的稳定版即可。其安装步骤如下。

第一步：下载系统软件。

打开 XAMPP 主页 https://www.apachefriends.org/download.html 下载 XAMPP，或者通过 https://sourceforge.net/projects/xampp/postdownload 下载，作者下载的是 32 位 5.6.30 版本，如图 2-1 所示。

下载的文件名称是 xampp-win32-5.6.30-1-VC11-installer.exe，将其保存到自己的文件目录中。

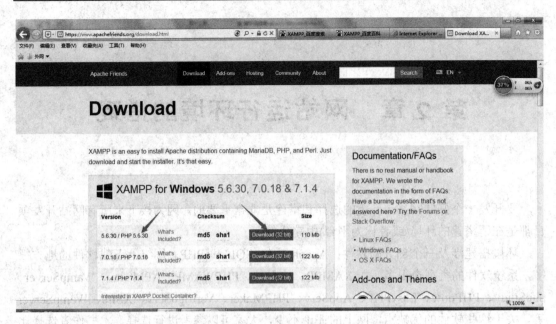

图 2-1　XAMPP 下载页面

第二步：安装系统软件。

运行上面下载的安装程序，安装 XAMPP，如图 2-2 所示。

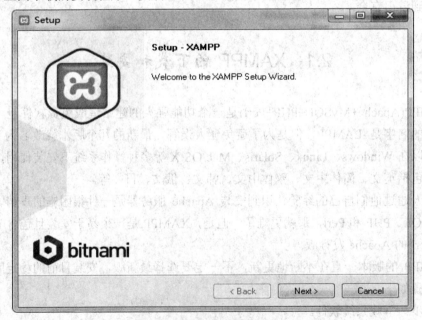

图 2-2　XAMPP 安装界面(1)

单击"Next"，选择 XMAPP 系统需要安装的具体软件。如果读者比较了解这里的内容，就选择自己安装的软件项目；如果是初学者，则保持默认即可。但是，一定要注意检查选择的 Apache、MySQL、PHP 和 phpMyAdmin。Apache 是服务器，MySQL 是数据库，PHP 是应用程序开发系统，phpMyAdmin 是 MySQL 数据库的管理工具。PHP 也是一门服务器编程语言。另外，目前的市场上，用 PHP 开发网站是非常流行的。可以说，如果不熟悉 PHP 编程，则只能开发一些比较低级、简单的网站，所以本书将 PHP 作为一个重要部分进行介绍。

　　其他选项中，FileZilla FTP Server 是 Windows 平台下一个小巧的第三方 FTP 服务器软件，它占用系统资源比较少，可以快速简单地建立自己的 FTP 服务器。Mercury Mail Server 是邮件服务器，当开发的网站需要提供邮件服务时必须安装它。Tomcat 与 Apache 一样，也是一个免费的开放源代码的 Web 应用服务器。Perl 是一种功能丰富的计算机程序语言。Webalizer 是一个高效的、免费的 Web 服务器日志分析程序，其分析结果以 HTML 文件格式保存。Fake Sendmail 是发送电子邮件的配置。安装界面如图 2-3 所示。

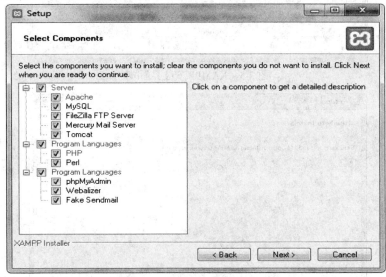

图 2-3　XAMPP 安装界面(2)

　　单击"Next"，选择安装的路径，如图 2-4 所示。接下来的安装过程就比较简单了，不再赘述，分别如图 2-5 至图 2-12 所示。注意，不要随便关闭安装过程中弹出的界面，以免影响安装正常进行。

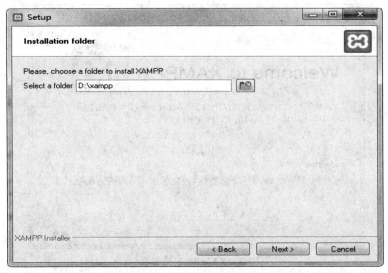

图 2-4　XAMPP 安装界面(3)

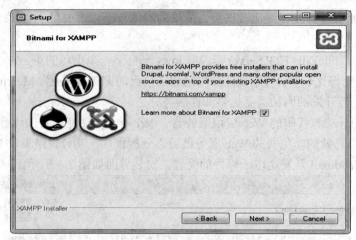

图 2-5　XAMPP 安装界面(4)

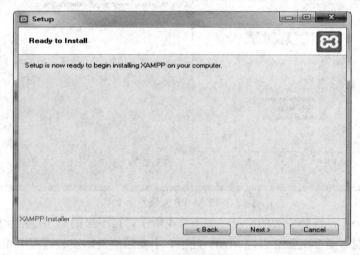

图 2-6　XAMPP 安装界面(5)

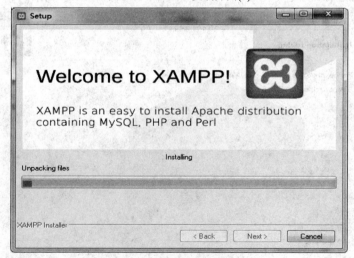

图 2-7　XAMPP 安装界面(6)

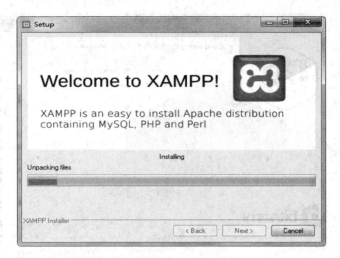

图 2-8　XAMPP 安装界面(7)

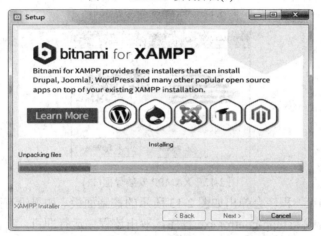

图 2-9　XAMPP 安装界面(8)

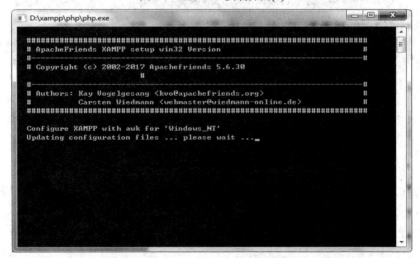

图 2-10　XAMPP 安装界面(9)

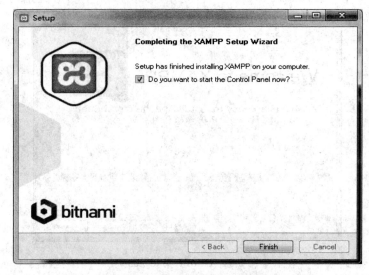

图 2-11　XAMPP 安装界面(10)

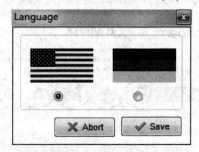

图 2-12　XAMPP 安装界面(11)

至此，安装结束。程序会弹出如图 2-13 所示的控制面板。如果没有弹出该界面，则可以到安装目录下查找 xampp-control.exe 程序，双击该程序运行即可。

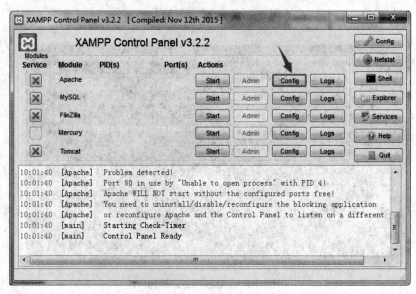

图 2-13　XAMPP 控制面板

根据图 2-13 提示的错误可知，端口号 80 被占用，需要重新修改，过程参考 2.2 小节的内容。

2.2　Apache 服务器的配置

在启动 Apache 之前先要进行系统配置，鼠标单击图 2-13 中 Apache 行的"Config"按钮，弹出如图 2-14 所示的对话框。

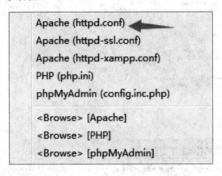

图 2-14　Apache(httpd.conf)配置

选择第一项 Apache(httpd.conf)，打开 httpd.conf 文件。也可以通过 Apache 的安装目录 D:\xampp\apache\conf 找到 httpd.conf，如图 2-15 所示。

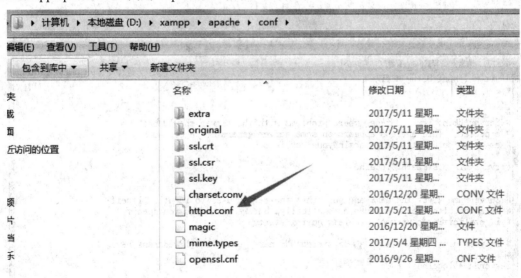

图 2-15　httpd.conf 文件位置

打开 httpd.conf 文件后就可进行 Apache 服务器的相关配置。

1. 服务器目录和端口配置

(1) 查找 ServerRoot "D:\xampp\apache"(即 Apache 安装的根目录)行，如果没有该项，则添加。

(2) 查找 Listen 8080 (侦听端口，默认是 80。因为作者的计算机不能使用 80 端口，所以改为 8080 端口)行，设置自己的端口号，如图 2-16 所示。

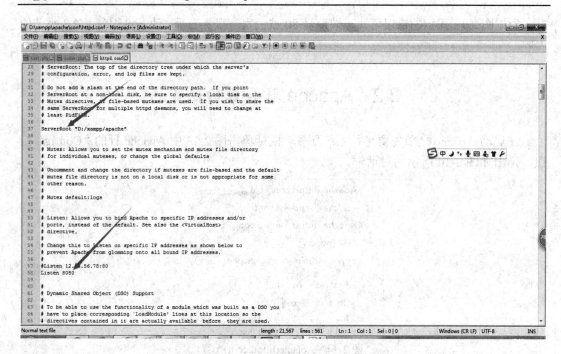

图 2-16　httpd.conf 文件中服务器目录和侦听端口配置

(3) 查找 ServerName localhost:8080 行。同理，端口号要与上面设置的统一，如图 2-17 所示。

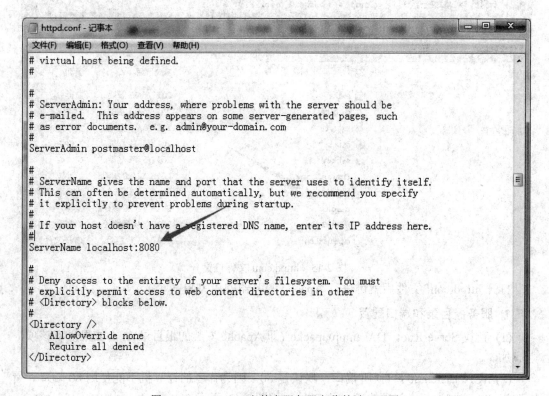

图 2-17　httpd.conf 文件中服务器名称的端口配置

2. 工程文件目录配置

工程文件目录配置如下：

　　DocumentRoot "D:/xampp/htdocs/"

　　<Directory "D:/xampp/htdocs/">

一般在浏览器中输入 http://www.maik.com/index.php 时，并没有告诉服务器到哪个盘符、哪个目录下找 index.php，上面的配置就是让服务器到目录 D:/xampp/htdocs/下找 index.php。有些程序员会保持默认的 D:/xampp/htdocs/路径不变，然后把自己的工程文件建立在 D:/xampp/htdocs/目录下。但是这种做法很不好，原因之一是这样做会把自己的工程文件与系统文件混为一谈，不便于管理；另外一个原因是如果把工程文件放在系统安装目录下，当系统一旦发生错误，没有办法修改时，则通常需要重新安装系统，稍微不注意，就把自己的工程文件删除或者覆盖掉了。为了避免这种事情发生，通常将自己的工程文件放置在一个固定的、不与系统文件交叉的目录中，这样既安全也便于管理。作者把配置修改成(见图 2-18)：

　　DocumentRoot "G:/websites/framework402/public"

　　<Directory "G:/websites/framework402/public">

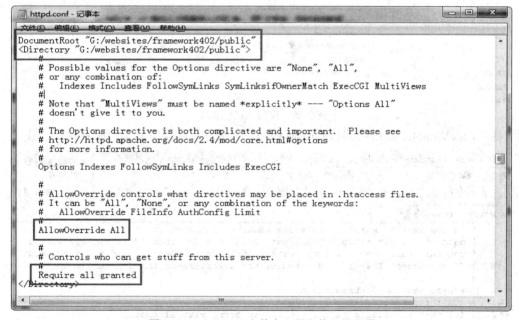

图 2-18　httpd.conf 文件中工程文件目录配置

这样配置后，Apache 服务器在浏览器运行时，就到 G:/websites/framework402/public 目录下找 index.php 文件并开始打开网站主页。

3. 虚拟主机配置

有时我们可能同时在做多个网站，都要在自己的计算机上测试，怎么办呢？此时，需要进行虚拟主机配置，下面介绍其具体操作步骤。

(1) 把虚拟主机 Include conf/extra/httpd-vhosts.conf 前面的"#"号注释去掉，修改成如图 2-19 所示的模样。

```
# Real-time info on requests and configuration
Include conf/extra/httpd-info.conf

# Virtual hosts
Include conf/extra/httpd-vhosts.conf
```

图 2-19　虚拟主机配置(1)

(2) 打开 httpd-vhosts.conf 文件，如图 2-20 所示。

图 2-20　虚拟主机配置(2)

将 NameVirtualHost 后的端口号改成 8080，使之与前面服务器端口配置保持一致。

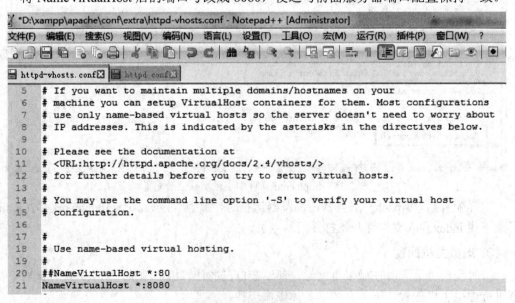

图 2-21　虚拟主机配置(3)

(3) 配置虚拟主机，即多个项目需要多个域名。作者设置的虚拟主机如图 2-22 所示(注意：目录是正斜杠)。

```
<VirtualHost *:8080>
    ServerAdmin ligaohe@CodeIgniter.net
    DocumentRoot "G:/websites/framework402/public"
    ServerName CodeIgniter.net
    ServerAlias www.CodeIgniter.net
    ErrorLog "logs/dummy-host2.example.com-error.log"
    CustomLog "logs/dummy-host2.example.com-access.log" common
</VirtualHost>
```

图 2-22　虚拟主机配置(4)

需要建立其他项目的域名时，把图 2-22 中的内容复制一遍，根据自己的需要进行相应的修改即可。一般一个工程对应一个域名。图 2-22 中所示的条目内容含义如下：

ServerAdmin：服务器管理的账号。

DocumentRoot：文档启动目录，即工程文件目录。

ServerName：服务器名称，也就是在浏览器中输入的域名，如在计算机中输入 http://CodeIgniter.net:8080/，就可以访问工程文件 G:/websites/framework402/public 目录下默认主页了。

ServerAlias：服务器别名，可以通过 http://www.CodeIgniter.net:8080/ 的形式访问它。(可省略)

ErrorLog：错误日志文件。(可省略)

CustomLog：定制日志文件。(可省略)

(4) 修改 C:\Windows\System32\drivers\etc\hosts 文件，如图 2-23 所示。这个配置指的是访问 http://CodeIgniter.net 地址，就相当于访问 http://127.0.0.1，即访问自己的本机地址。

```
     http-hosts.conf  hosts  config.inc.php
 1  # Copyright (c) 1993-2009 Microsoft Corp.
 2  #
 3  # This is a sample HOSTS file used by Microsoft TCP/IP for Windows.
 4  #
 5  # This file contains the mappings of IP addresses to host names. Each
 6  # entry should be kept on an individual line. The IP address should
 7  # be placed in the first column followed by the corresponding host name.
 8  # The IP address and the host name should be separated by at least one
 9  # space.
10  #
11  # Additionally, comments (such as these) may be inserted on individual
12  # lines or following the machine name denoted by a '#' symbol.
13  #
14  # For example:
15  #
16  #      102.54.94.97     rhino.acme.com          # source server
17  #       38.25.63.10     x.acme.com              # x client host
18
19  # localhost name resolution is handled within DNS itself.
20  #    127.0.0.1       localhost
21  #    ::1             localhost
22  127.0.0.1       CodeIgniter.net
```

图 2-23　虚拟主机配置(4)

图 2-23 中的地址是否配置成功，可以通过 cmd 命令打开命令提示符，输入 ping codeigniter.net 进行测试。图 2-24 所示界面表示配置没有问题。当然，若有多个项目的域名，则在 hosts 文件中一行一行复制，把后面的域名修改成自己项目定义的对应域名即可。

图 2-24　虚拟主机配置(5)

以上就是配置 Apache 的详细过程，接下来就可以启动 Apache 服务器。启动后，可看到 PID(s)数字、Port(s)端口号等信息，若界面下方提示正在运行，则表示 Apache 服务器启动成功，分别如图 2-25、图 2-26 所示。

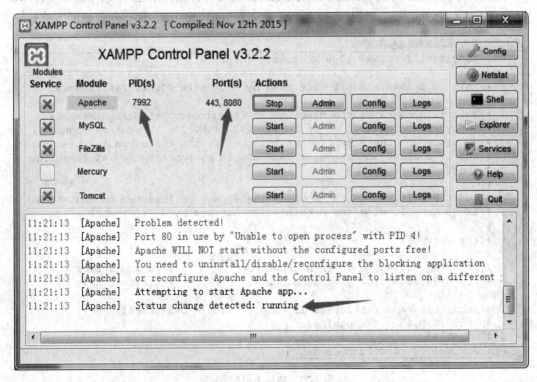

图 2-25　启动 Apache 服务器(1)

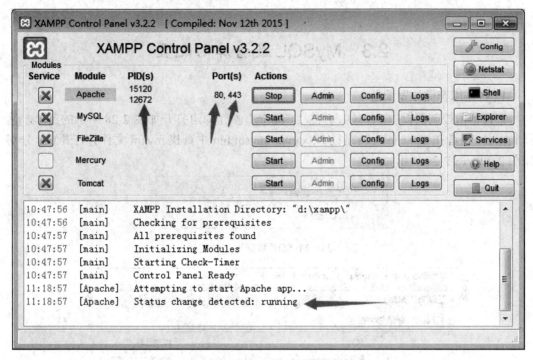

图 2-26　启动 Apache 服务器(2)

在浏览器地址中输入 http://CodeIgniter.net:8080 或者 http://127.0.0.1:8080/可以测试配置是否成功。如果出现类似如图 2-27 所示的页面就表示配置成功。

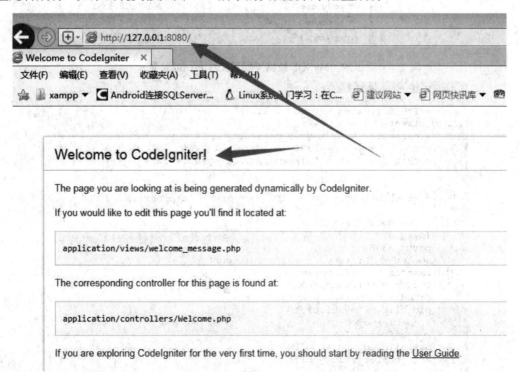

图 2-27　Apache 服务器测试

2.3　MySQL 数据库的配置

1. 数据库存储位置配置

直接单击控制面板中 MySQL 行的"Config"按钮即可打开如图 2-28 所示的菜单，选择 my.ini，或者在 Apache 安装路径 D:\xampp\mysql\bin 中查找 my.ini 文件并打开它，分别如图 2-29、图 2-30 所示。

图 2-28　MySQL 数据库文件选择

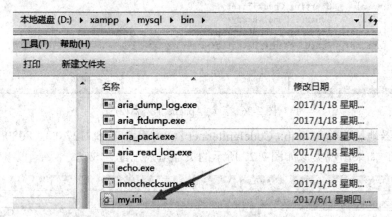

图 2-29　MySQL 数据库配置文件 my.ini 位置

```
16
17    # The following options will be passed to all MySQL clients
18  ☐[client]
19    # password        = your_password
20    port            = 3306
21    socket          = "D:/xampp/mysql/mysql.sock"
22
23
24    # Here follows entries for some specific programs
25
26    # The MySQL server
27  ☐[mysqld]
28    port= 3306
29    socket = "D:/xampp/mysql/mysql.sock"
30    basedir = "D:/xampp/mysql"
31    tmpdir = "D:/xampp/tmp"
32    datadir = "D:/xampp/mysql/data"
33    pid_file = "mysql.pid"
34    # enable-named-pipe
35    key_buffer = 16M
36    max_allowed_packet = 1M
37    sort_buffer_size = 512K
```

图 2-30　MySQL 数据库配置文件 my.ini 设置

datadir = "D:/xampp/mysql/data"是数据库中数据的存放位置,读者根据自己的安装路径进行相应的修改即可。为了防止系统损坏后,需要重新安装系统时不小心删除原来的数据库,可以更改这个目录。但是请注意:更改完数据库数据存放目录后,一定要把 MySQL 原来系统安装目录 D:\xampp\mysql\data 下的文件复制到新目录下,否则 MySQL 启动不会成功,提示如图 2-31 所示的错误信息。

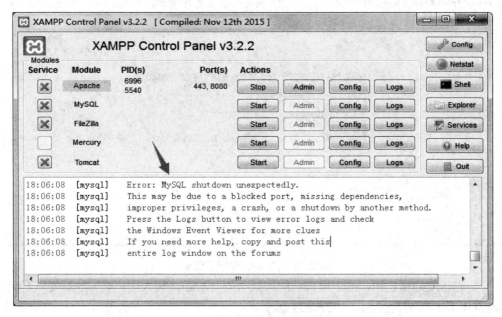

图 2-31　MySQL 数据目录更改,没有拷贝文件的错误提示

设置好后,直接单击控制面板中 MySQL 行的"Start"按钮即可启动 MySQL 数据库,如图 2-32 所示。启动后,可看到 PID(s)和 Port(s),若界面下方提示正在运行,则表示 MySQL 数据库启动成功。

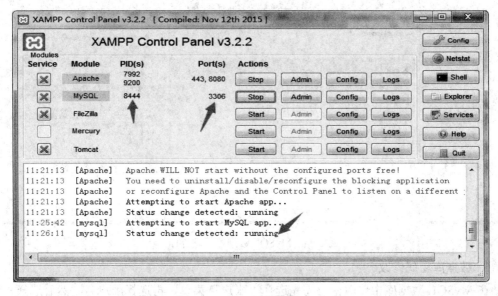

图 2-32　MySQL 数据库启动

2. 数据库后台管理

单击控制面板中 MySQL 行的"Admin"按钮即可登录 MySQL 数据库。注意:如果不是默认端口号 80,则需输入自己的端口号,如图 2-33 所示。

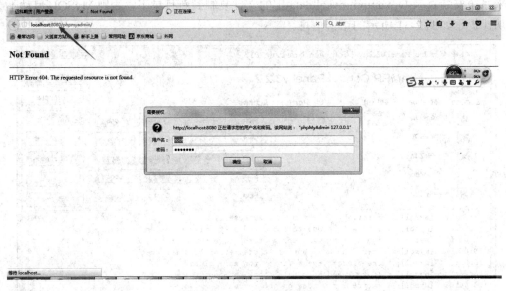

图 2-33　MySQL 数据库登录

安装完 MySQL 之后,root 用户名的默认密码是 root。输入用户名和密码后,即可进入 MySQL 数据库管理界面,如图 2-34 所示。

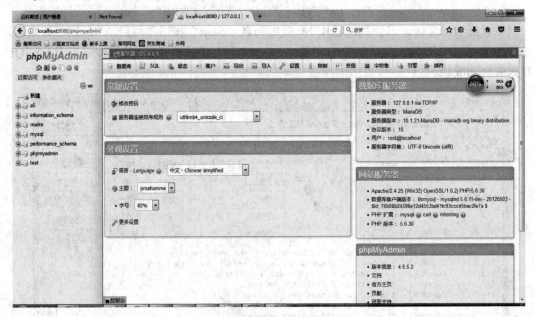

图 2-34　MySQL 数据库管理界面

3. 数据库密码修改

在 MySQL 数据库中修改密码需先选择"账户"菜单,再选择用户名,然后选择"修改权限"，如图 2-35 所示。

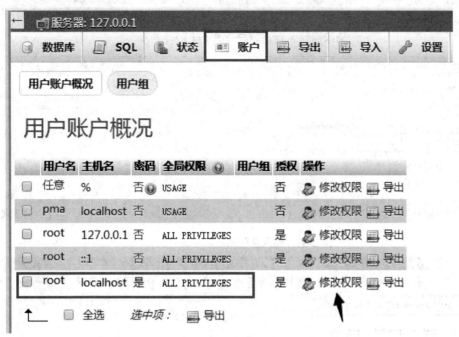

图 2-35　修改数据库密码，选择"修改权限"

接下来选择"修改密码"，如图 2-36 所示。

图 2-36　修改数据库密码，选择"修改密码"

在如图 2-37 所示的界面中输入相同的密码两次，单击"执行"按钮。至此，完成了数据库密码的修改，如图 2-38 所示。

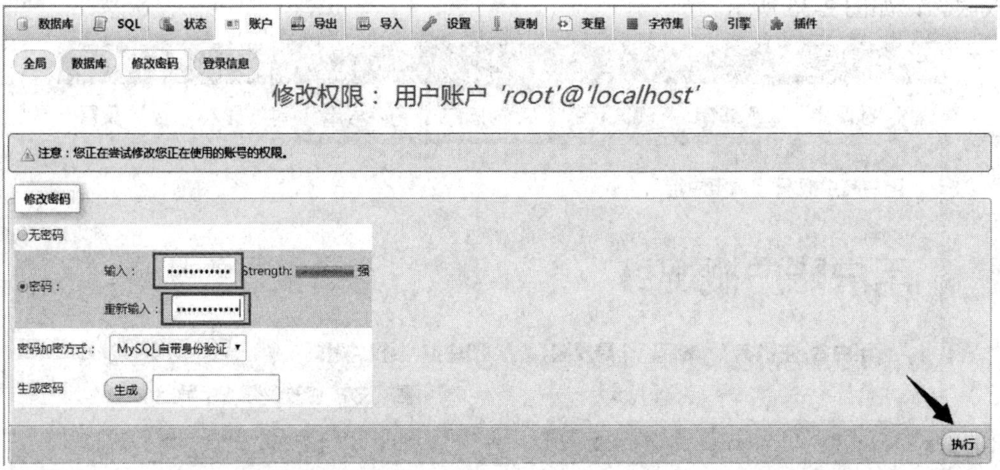

图 2-37　输入密码两次，单击"执行"

图 2-38　修改密码成功

打开数据库后，如果已经修改了数据库密码，如密码修改为 123456，那么就需要修改 D:\xampp\phpMyAdmin\config.ini.php 配置文件，如图 2-39 所示。

```
/* Authentication type and info */
$cfg['Servers'][$i]['auth_type'] = 'config';
$cfg['Servers'][$i]['user'] = 'root';
$cfg['Servers'][$i]['password'] = '123456';
$cfg['Servers'][$i]['extension'] = 'mysqli';
$cfg['Servers'][$i]['AllowNoPassword'] = true;
$cfg['Lang'] = '';
```

图 2-39　config.ini.php 配置文件

注意：

(1) auth_type='config' 表示登录时，用户名和密码是从 config.ini.php 配置文件中直接提取的，即直接登录。

(2) auth_type='http' 表示登录时，用户名和密码必须由自己输入，显然，这时 password(密码)的设置就没有意义了。

当然，最终登录密码是否通过，还是要看登录密码是否与数据库设置的密码相一致。

4. 数据库导入

有时，我们需要把原来数据库的数据导入新的数据库中。其操作的过程是先选择"导入"菜单，再选择导入的文件进行导入，分别如图 2-40 和图 2-41 所示。

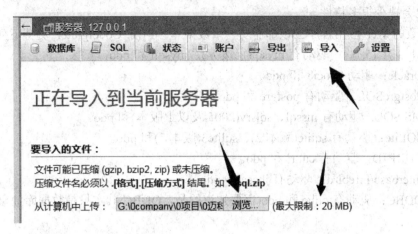

图 2-40　MySQL 数据导入(1)

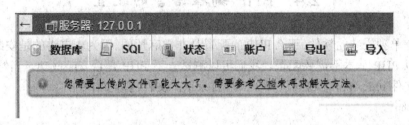

图 2-41　MySQL 数据导入(2)

　　在 phpMyAdmin 中导入 mysql 文件时，默认的导入文件的大小是有限制的，这个限制由 php.ini 文件中的 upload_max_filesize 定义，默认是 2 MB。所以，当读者要导入超过此大小的 mysql 文件时，需要提前修改 upload_max_filesize 的值，在 D:\xampp\php\php.ini 文件中修改。比如作者将其修改为 200 MB，如图 2-42 所示。

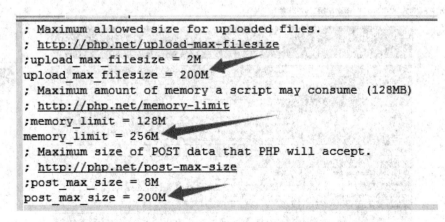

图 2-42　MySQL 数据导入设置

配置修改后，需要重新启动 Apache 和 MySQL。

5. 服务器要求

推荐使用 PHP 5.6 或更新版本的服务器。虽然 CodeIgniter 也可以在 PHP 5.3.7 上运行，但是出于潜在的安全和性能问题考虑，我们强烈建议不要使用老版本的 PHP，而且老版本的 PHP 也会缺少很多特性。

大多数的 Web 应用程序应该都需要一个数据库。当前 CodeIgniter 支持下列数据库：

(1) MySQL (5.1+)：驱动有 mysql(已废弃)、mysqli 和 pdo。

(2) Oracle：驱动有 oci8 和 pdo。

(3) PostgreSQL：驱动有 postgre 和 pdo。

(4) MS SQL：驱动有 mssql、sqlsrv(2005 及以上版本)和 pdo。

(5) SQLite：驱动有 sqlite(版本 2)、sqlite3(版本 3)和 pdo。

(6) CUBRID：驱动有 cubri 和 pdo。

(7) Interbase/Firebird：驱动有 ibase 和 pdo。

(8) ODBC：驱动有 odbc 和 pdo(需要知道的是，ODBC 其实只是数据库抽象层)。

2.4　PHP 编程语言的配置

如果是单独安装的软件，那么 PHP 的配置是非常麻烦的。因为本书讲的是安装 XAMPP 套件，所以 PHP 基本不需要配置。我们可以测试一下 PHP 是否安装成功。当然这里需要增加一个文件 index.php，将其放置在工程目录下。文件内容如下：

```php
<?php
    phpinfo();
?>
```

浏览器运行后，若出现如图 2-43 所示界面，则表示 PHP 安装成功。

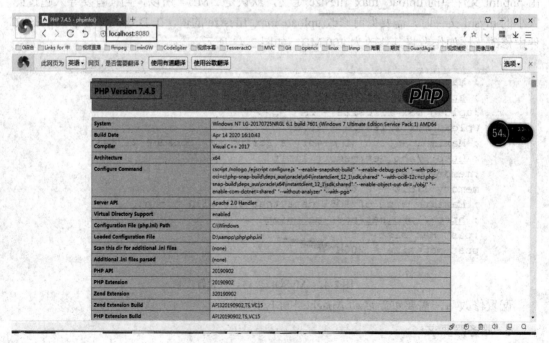

图 2-43　PHP 安装成功

2.5   IIS

在开发网站程序时，程序开发者一般会在自己的计算机(客户端)上开发，而在服务器端的计算机上进行测试。但是，一般服务器距离客户端都比较遥远，测试极为不便。为了解决这个问题，就需要在客户端的计算机上安装一个服务器，方便程序的测试，这就是客户端服务器的由来。在 UNIX 操作系统中一般使用 Apache、Tomcat 等服务器，在 Windows 操作系统中通常使用互联网信息服务(Internet Information Server，IIS)。

2.5.1   IIS 的含义

IIS 是由微软公司提供的基于运行 Microsoft Windows 的互联网基本服务。IIS 是一种 Web(网页)服务组件，包括 Web 服务器、FTP 服务器、NNTP 服务器和 SMTP 服务器，分别用于网页浏览、文件传输、新闻服务和邮件发送。IIS 使得在网络(包括互联网和局域网)上发布信息成了一件很容易的事。

2.5.2   Windows 中 IIS 的配置

在 Windows 操作系统中，如果要在本地计算机上模拟类似后台服务器的环境，用来测试自己的网页或者网站程序，就需要配置 IIS。下面以 Windows 7 为例，说明 IIS 的配置过程。

(1) 打开控制面板，单击"管理工具"，如图 2-44 所示。

图 2-44   打开控制面板中的"管理工具"

(2) 单击"管理工具"，可以看到"Internet 信息服务器(IIS)管理器"选项，如图 2-45 所示，单击该选项后会出现如图 2-49 所示的界面。如果没有出现该选项，就按照下面的步骤(3)进行操作。

图 2-45　"管理工具"中的"Internet 信息服务器(IIS)管理器"

(3) 打开控制面板，单击"程序和功能"，如图 2-46 所示。

图 2-46　打开控制面板中的"程序和功能"

(4) 在出现的界面中单击"打开或关闭 Windows 功能"，如图 2-47 所示。

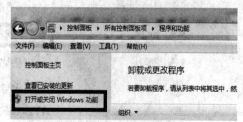

图 2-47　打开或关闭 Windows 功能

(5) 在出现的界面中选择相关选项，如图 2-48 所示。注意，在这个界面中，"+"后的子项都必须选择上。单击"确定"后，计算机需要花费一段时间进行相关服务和组件的安装。

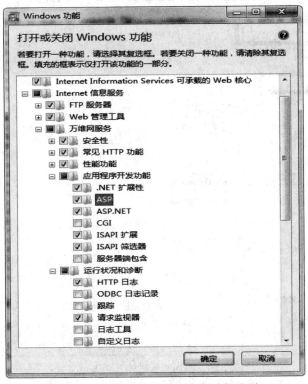

图 2-48　打开或关闭 Windows 功能界面

(6) 在图 2-49 所示的界面中，选择"网站"，右键单击"添加网站"。

图 2-49　在 IIS 中添加网站

(7) 在出现的界面中输入自己给网站取的名称，再设置一个访问的物理路径，将来的网站主页等相关文件都被保存在这个路径里。然后选择相关的 IP 地址，保持默认的 80 端口，如图 2-50 所示，单击"确定"按钮。

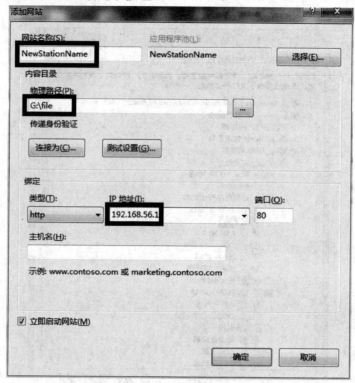

图 2-50　添加网站时输入相关信息

(8) 这时，就会在 IIS 管理器中看到自己新建的网站条目，如图 2-51 所示。

图 2-51　添加的网站

(9) 在图 2-50 所示的目录中拷贝一个临时的 HTML 文件进行测试。在地址栏输入图 2-50 中的 IP 地址 http://192.168.56.1/，若看到类似图 2-52 所示网页页面，则表示配置正确。至此，配置完毕。

图 2-52　测试添加的网站

思考和练习

1. 下载安装 XAMPP，并完成 Apache 服务器的配置、MySQL 数据库的配置和 PHP 的配置。

2. IIS 的概念是什么？请用操作界面描述 Windows 中 IIS 的配置过程。

第 3 章　网站开发工具

网站开发工具很多，本章主要介绍 Dreamweaver、FileZilla 和 PhpStorm，它们适合初学者学习。

3.1　Dreamweaver

Dreamweaver 是一个可视化的网页设计和网站管理工具，它提供了强大的设计功能，在不用书写代码的情况下，就能够快速创建各种极具动态 HTML 特性的网页。Dreamweaver 是完全可定制的，用户可以通过书写 JavaScript 代码为 Dreamweaver 创建新的行为和属性面板，以增强 Dreamweaver 本身的功能。Dreamweaver 的操作界面主要由标题栏、菜单栏、文档窗口、属性面板、插入栏以及浮动面板组成，如图 3-1 所示。在这个界面中可以选择建立 HTML、CSS、PHP、JavaScript、XML 等文档，也可以在"文件"菜单中选择"新建"来建立这些文档。

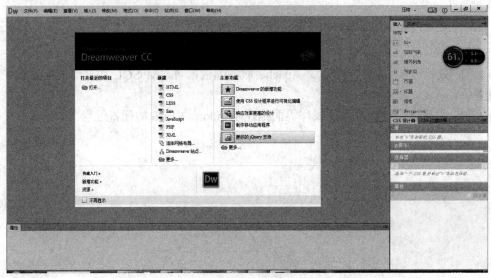

图 3-1　Dreamweaver 操作主界面

下面我们以 HTML 文档的建立为例来说明 Dreamweaver 的使用。在"文件"菜单中选择"新建"，选择"HTML"，建立一个 HTML 临时文档，并将其保存为 example-1.html。

在 example-1.html 名称下面有"代码""拆分""设计""实时视图""实时代码""检查"等按钮。另外，还有一个"在浏览器中预览/调试"的圆形按钮。单击"设计"可以设计需要的网页页面，在这里看到的网页外观与在浏览器中看到的基本一致。单击"代码"可以看到设计网页后自动生成的 HTML 代码。单击"拆分"可以同时看到代码和设计的内容。单击"检查"可以进入检查模式。在该模式中，当用户在实时视图中将鼠标移动至页面某个元素上时，代码视图同样会自动以高亮形式显示该元素区域的代码。实时视图与设计视图类似，实时视图能够逼真地显示页面在浏览器中的表示形式，并使用户能够在浏览器中与页面进行交互，但是实时视图不可以被编辑。单击"实时视图"还可以显示/隐藏"实时代码""检查"按钮和文档路径等内容。实时代码视图显示浏览器用于执行该页面的实时代码，当用户在实时视图中修改页面时，可以同时看到修改过的 HTML 代码。该选项仅当在实时视图中查看页面时可用，且实时代码视图不可以被编辑。单击"在浏览器中预览/调试"可以在某个浏览器中测试设计的网页效果。

在 Dreamweaver 平台上插入文本、图形、图像、多媒体、超链接、表单等元素都非常容易，不需要写代码，设置 CSS 样式表和网页布局也非常方便。

1. 文本

文本是网页中十分重要的部分，担负着传递信息的重要作用。虽然图像及多媒体效果在网页中所占的比例越来越大，但是在一些大型网站中，文字的主导地位仍然是无可替代的。这是因为文字所占的存储空间非常小，这样以文本为主体的页面的下载速度就很快，可以最佳地利用网络带宽。

在 Dreamweaver 平台上插入文本很方便，可以单击"设计"直接在界面输入，也可以选择菜单"插入"来插入相应的文本元素。在文档中插入文本后，如果对文本的样式不满意，则可在页面底部的"属性"面板中设置文本的相关属性，如字体大小、字体颜色、背景、边距、字形、对齐方式、格式、使用的类名等。

特殊字符一般不能从键盘上直接输入，Dreamweaver 中提供了各种特殊字符和符号，其中特殊字符包括了标准 7 位 ASCII 码字符集以外的字符。例如版权符号的输入，在"插入"菜单中选择"字符"→"版权"即可。

水平线在网页文档中经常被用到，它主要用于分隔文档内容，使文档结构清晰明了，合理使用水平线可以获得非常好的效果。一篇内容繁杂的文档，如果合理放置水平线，则会使其层次分明，易于阅读。

2. 图像

图像和文字是网页中最重要的两个元素。一个高质量的网页离不开图像，制作精良的图像可以大大增强网页的美观性，使网页更加绚丽多彩。在页面中如何用漂亮的图像来吸引浏览者是每个网站制作者都需要面对的问题。

在 Dreamweaver 平台上插入图像也很方便，单击"设计"界面，选择"插入"菜单中的"图像"，即可插入一般图像和鼠标经过的图像等内容。仅仅将图像直接插入到网页中，并不能达到正确使用图像的目的，只有了解了图像的属性以及如何设置、修改这些属性，才能创建出图文并茂的网页。单击要修改的图片，在页面底部的"属性"面板中可以设置图片的相关属性，如图片的高度、宽度，图片的链接、属性使用的类，或者直接更换图片。可以在"属性"面板中直接对图像进行编辑，这里集合了一些常用的图像编辑工具。

鼠标经过图像是一种能够在浏览器中查看，并在浏览者使用鼠标指针移过它时发生变化的图像。要插入鼠标经过图像，必须准备两幅图像：主图像(当首次载入页面时显示的图像)和次图像(当鼠标指针移过主图像时显示的图像)。这两幅图像大小应相等，如果这两幅图像大小不同，则 Dreamweaver 将自动调整第二幅图像的大小以匹配第一幅图像的属性。

3. 多媒体

随着宽带在线点播技术的发展，多媒体在网络上得到了更广泛的应用，对网页设计也提出了更高的要求，再不是像以前在网页中制作多媒体效果时仅插入一些简单的背景音乐和音效那样简单了。在使用 Dreamweaver 制作网页时可以快速、方便地为网页添加声音、视频等多媒体内容，使网页更加生动。还可以插入和编辑多媒体文件和对象，这些文件和对象主要包括 Flash 类、Java Applet 类、ActiveX 控件类，以及各种音频、视频文件。

单击"设计"界面，选择"插入"菜单中的"媒体"，可以选择 Flash SWF 或者 Flash Video，插入 Flash 动画。

4. 超链接

每个网站实际上都是由众多的网页组成的，网页之间通常都是通过超链接方式相互建立关联的。在 Dreamweaver 中，超链接的应用范围很广，利用它不仅可以链接到其他页面，还可以链接到其他图像文件、多媒体文件等。选择文本或者图像，在"属性"面板中设置其链接的文本、多媒体等文件。

添加锚点链接就是创建命名锚记。锚点是一种定位的标记，可以在当前文档中或者其他文档中设置这种标记，并给该标记设置一个名称，以便引用。因此，当单击链接时，就可以自动定位到链接文档的具体位置。创建锚点链接的具体操作步骤与一般链接相似，创建锚点链接时需在链接点首先输入"#"标志，再输入链接的命名锚记名称，如果命名锚记在其他文件中，则需要输入文件路径和文件名，然后输入"#"标志和命名锚记名称即可。

5. 布局页面

Dreamweaver 中布局网页的常见工具是表格和 DIV。表格是网页设计制作时不可缺少的重要元素，无论是用于对齐数据还是在页面中对文本进行排版，表格都体现出强大的功能。它以简洁明了和高效快捷的方式将数据、文本、图像、表单等元素有序地显示在页面上，从而设计出版式漂亮的页面。DIV 是一种 HTML 页面元素，可以理解为浮动在网页上的一个页面，它可以准确地定位到页面上的任意位置，并可以规定它的大小，通过 DIV 可以对网页进行精确定位。不仅如此，通过对 DIV 与行为的综合使用，还可以创作出赏心悦目的动作效果。

6. 表单

使用表单可以制作简单的交互式页面，收集来自用户的信息。表单是网站管理者与浏览者之间沟通的桥梁。收集、分析用户的反馈意见，做出科学、合理的决策，是一个网站成功的重要因素。有了表单，网站不仅是"信息提供者"，同时也是"信息收集者"。

一个完整的表单有两个重要的组成部分，一是页面中进行描述的 HTML 代码；二是服务器的应用程序或客户端脚本，用于分析处理用户在表单中输入的信息。在使用表单进行相关操作时，会遇到一些问题：第一个问题就是如何在网页中添加表单元素，如表单、文本域、单选按钮、复选框、列表、菜单、跳转菜单、按钮等；第二个问题会涉及服务器端或客户端脚本的编程，读者可以参考后续章节中的 CodeIgniter 编程来了解和学习。

7. CSS

CSS(Cascading Style Sheets，层叠样式表)是一组可以控制文本块或文本区域外观的格式属性。使用样式表可以控制文档的格式，使用外部样式表可以控制若干文档的格式。所谓样式，就是指层叠样式表，是用来控制一个文档中的某一文本区域外观的一组格式属性。使用 CSS 能够简化网页代码，加快下载显示速度，也减少了需要上传的代码数量，大大减少了重复劳动。样式表是对 HTML 语法的一次重大革新。如今网页的排版格式越来越复杂，很多效果需要通过 CSS 来实现，Adobe Dreamweaver CS6 在 CSS 功能设计上做了很大的改进。同 HTML 相比，使用 CSS 的好处除了在于它可以同时链接多个文档之外，还有就是当 CSS 样式更新或修改后，所有应用了该样式表的文档都会被自动更新。

选择"文件"→"新建"→"CSS"，单击"创建"，即可创建一个空的 CSS 文件。如图 3-2 所示。

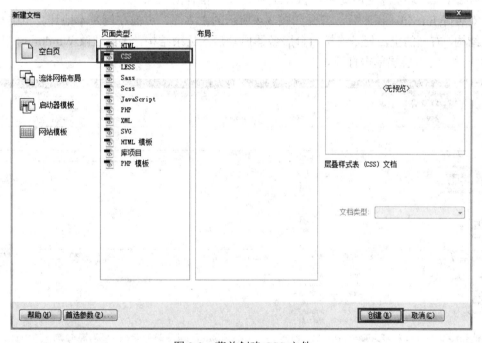

图 3-2　菜单创建 CSS 文件

也可以通过 CSS 设计器上的"+"来创建新的 CSS 文件或者附加现有的 CSS 文件，如图 3-3 所示。

图 3-3　用 CSS 设计器创建 CSS 文件

设计的 CSS 文件将来必须要通过类似下面的语句与具体的 HTML 文件进行绑定，这样 CSS 的设置效果才能在 HTML 文件中识别和生效：

<link href="/r/cms/www/default/v3/css/idangerous.swiper.css" rel="stylesheet">

关于 CSS，需要学习的内容比较多。不过，其属性的设置就像 HTML 属性设置一样，有点英语基础知识的读者都能理解并快速掌握。另外，在 Dreamweaver 中还可以插入很多内容，如脚本语言 JavaScript、画布等，实际上这些都是前面介绍过的内容，这里不过是通过在 Dreamweaver 平台上进行插入而已，方法也比较简单，此处不再赘述。

3.2　FileZilla

关于网络管理，特别是远程网络管理，需要使用某些工具来直接操作后台的服务器。网上提供的这类工具有很多，这里介绍笔者管理的一个大型公司网站所使用的管理工具——FileZilla。该软件使用简单，操作灵活，值得推荐给大家。

安装好 FileZilla 程序后，打开如图 3-4 所示的主界面。页面左侧是本地计算机的盘符目录结构，右侧的空白处是连接后台服务器成功后的目录结构。该目录像 Windows 的目录结构一样，可以层层单击打开。

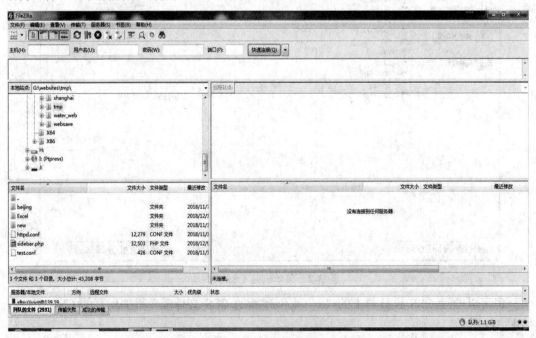

图 3-4　FileZilla Client 工具软件主界面

如果要连接后台服务器，则选择系统界面上"文件"菜单中的"站点管理器"，在图 3-5 所示的界面上输入主机、用户名、账号、密码等信息后，单击"连接"，可以测试连接状况，连接成功后单击"确定"。

图 3-5　FileZilla Client 网站管理器

　　连接成功后，等几分钟就会在主界面的右侧显示服务器目录结构，如图 3-6 所示。这时，可以上传文件。选择自己计算机上的相关文件(左侧)，单击鼠标右键，选择"上传"，就可以开始往服务器(右侧)上传文件。也可以直接拖动文件进行上传。一定要注意，上传文件前必须选择正确的服务器(右侧)目录，否则上传位置可能会出现错误。把本地程序上传到服务器时，可以把本地文件进行压缩，也可以不压缩。压缩后的文件其上传时间比较短，麻烦的是在服务器端要解压缩，若处理不好则文件目录会出现偏差。不压缩上传，虽然上传时间比较长，但不需要解压缩。

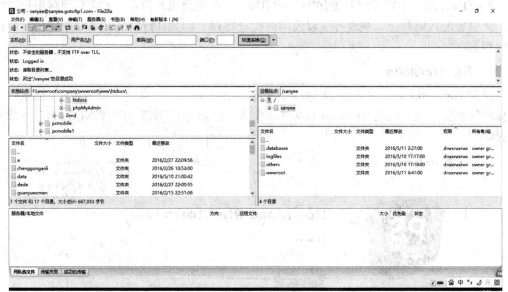

图 3-6　FileZilla Client 工具软件中本地和远程服务器目录结构

　　当然，也可以利用网站空间服务商提供的文件管理器进行文件上传、复制、剪切、粘贴、替换、新建目录、压缩、设置文件权限等操作。只需登录到自己的网站空间服务商主页，按照系统提供的说明进行操作即可。由于每个网站的网站空间服务商不同，因此操作过程和界面会有所不同，此处不再赘述。图 3-7 是作者所在公司的文件管理器操作界面。

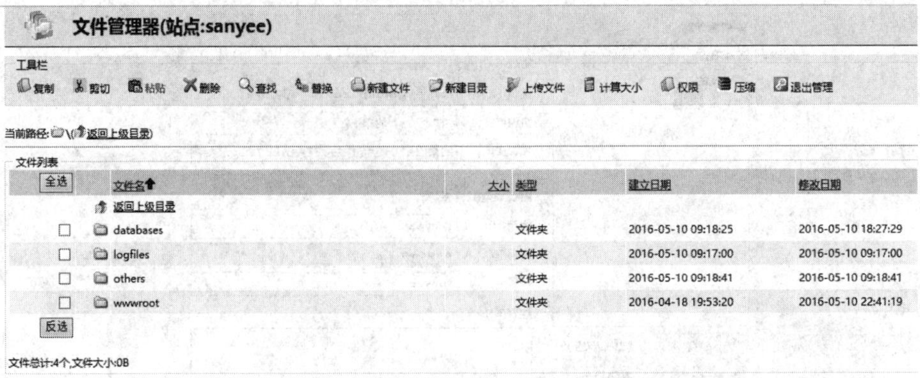

图 3-7　网站空间服务商的文件管理器

3.3　PhpStorm

Apache、MySQL 和 PHP 都安装好后，接下来就需要一个编辑器。编辑器的种类有很多，如 emacs、vim、PhpStorm、WebStorm 等。当然，也可以使用过去的 Dreamweaver 等编辑器。不过，建议选择比较流行的新型编辑器。如果按作者的提议去做，那么读者将会体会到使用这些编辑器编写程序带来的方便。本书选择最近流行的 PhpStorm 编辑器来进行相关介绍。之所以选择这款浏览器，是因为它的风格与 Eclipse、Android Studio 的界面风格非常相似，这也就为使用 Java 编程语言开发程序提供了方便。

PhpStorm 是一个轻量级且便捷的 PHP IDE，旨在提高用户效率，可深刻理解用户的编码，提供智能代码补全、快速导航以及即时检查错误。因为 PhpStorm 是商业软件，所以是收费的。

1. 下载 PhpStorm

登录 PhpStorm 的官网 http://www.jetbrains.com/phpstorm/下载一个最新版本。根据自己计算机的配置下载对应的 32 或 64 位版本，如图 3-8 所示，单击"DOWNLOAD"下载并保存。

图 3-8　PhpStorm 下载主页

2. 安装 PhpStorm

下载完成后，就开始安装 PhpStorm，安装工作比较简单。如图 3-9 所示，运行下载程序，单击"Next"。

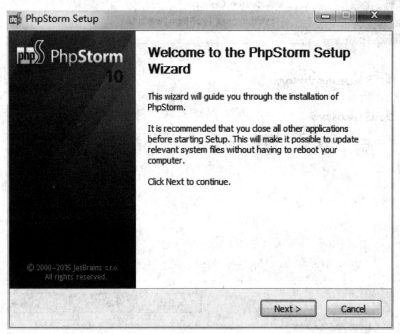

图 3-9　PhpStorm 安装向导

选择安装路径，如图 3-10 所示。

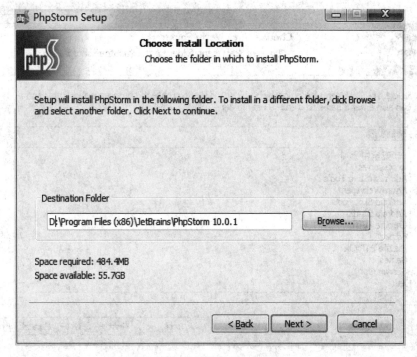

图 3-10　确定安装路径

生成桌面快捷图标，生成相关的文件，全选这些文件，如图 3-11 所示。

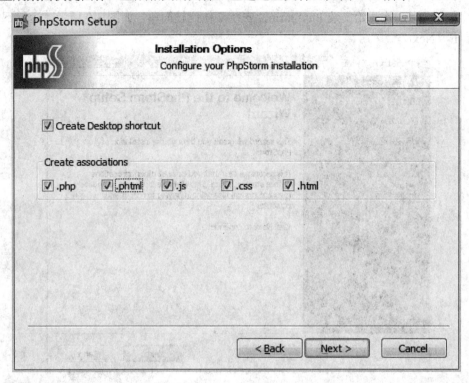

图 3-11　安装选项

选择"开始"菜单下的文件夹，如图 3-12 所示。

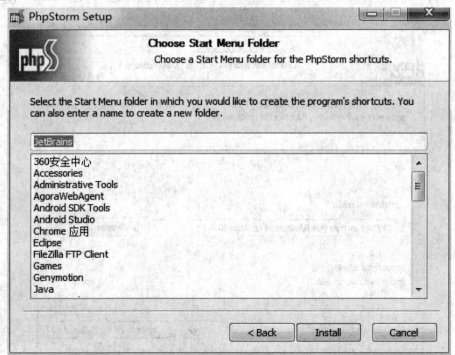

图 3-12　选择"开始"菜单下的文件夹

单击"Install"开始正式安装，如图 3-13 所示。

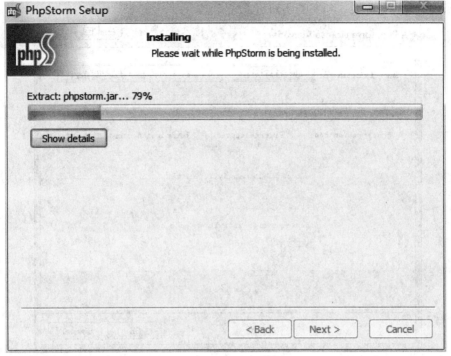

图 3-13 开始安装

安装成功，如图 3-14 所示。

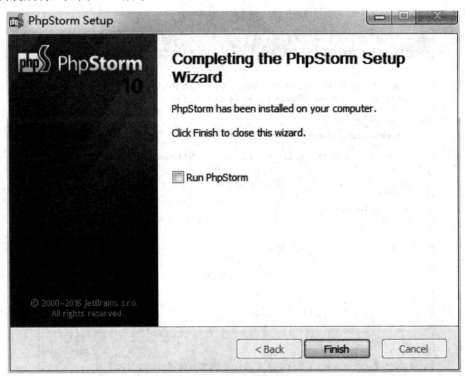

图 3-14 安装结束

图 3-15 所示为 PhpStorm License 激活界面。如果有许可证号就填写，没有许可证号也可以使用 30 天的免费版，到期购买即可。

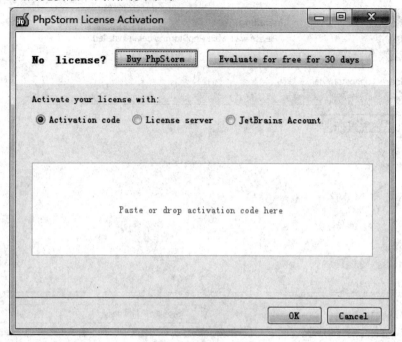

图 3-15　License 激活

如果读者对上面的安装都不清楚，那么可以选择第二项"License server"，在相应位置输入 http://idea.goxz.gq，如图 3-16 所示。

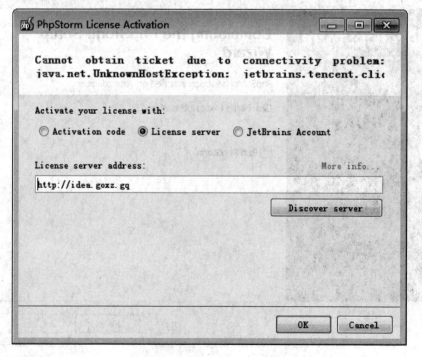

图 3-16　输入 License server 地址

单击"OK"后进入如图 3-17 所示的界面，每个选项保持默认，这些内容后续都可以更改。

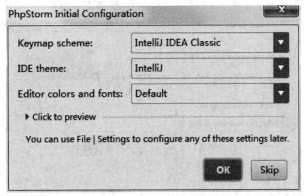

图 3-17　初始化配置

安装完后运行程序。图 3-18 所示的界面是一个实例程序。

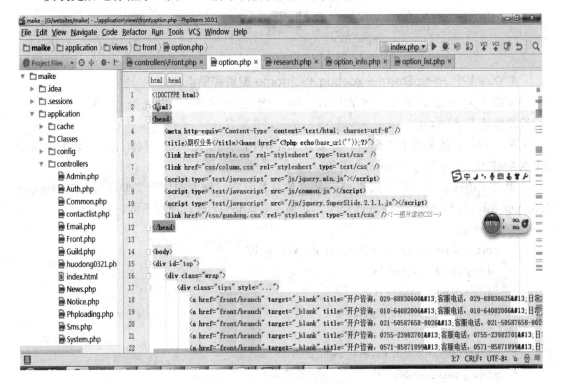

图 3-18　PhpStorm 主界面

3. PhpStorm 注册

PhpStorm 是收费软件，测试版可以免费使用 30 天，到期如果没有购买，就不能再使用了。不过读者可以按照下面的方法进行注册，延长一段使用时间。但是，需要提醒读者的是，未来如果进行商业开发，则还是需要购买原版软件的。

按照前文所讲的 PhpStorm 安装过程，进入如图 3-19 所示的页面，单击"License server"，输入 http://www.0-php.com:1017，单击"Activate"即可完成注册。

图 3-19　PhpStorm 注册码

4. XAMPP + PhpStorm + xdebug + Chrome 配置和断点调试

下面介绍 PhpStorm 如何配置后可以像一般的高级语言一样进行断点调试，这也是一般编辑器不具备的功能。

第一步：开始服务器端配置。安装好 XAMPP，停止 Apache 服务(注意，如果直接退出 XAMPP，则不会停止 Apache 服务)。

第二步：在安装目录下找到 php.ini 文件并打开它，作者的这个文件位置在 D:\xampp\php\php.ini。找到[xdebug]段进行修改，如果没有[xdebug]段就增加下面内容：

```
[xdebug]
zend_extension = "D:\xampp\php\ext\php_xdebug.dll"
xdebug.profiler_append = 0
xdebug.profiler_enable = 1
xdebug.profiler_enable_trigger = 0
xdebug.profiler_output_dir = "D:\xampp\tmp"
xdebug.profiler_output_name = "cachegrind.out.%t-%s"
xdebug.remote_enable = 1
xdebug.remote_handler = "dbgp"
xdebug.remote_mode = "req"
xdebug.remote_port = 9000
xdebug.idekey= PHPSTROM
```

读者需根据自己安装目录的不同，在相应地方修改内容，特别是 zend_extension 和 xdebug.profiler_output_dir。其余不清楚的内容与作者的保持一致，后续章节再进行介绍。

保存文件，重新启动 Apache 来检查是否成功开启了 xdebug 服务。第一种方法是在

Windows 操作系统左下角输入 cmd，打开命令提示符，输入 D:\xampp\php\php.exe –m，若能看到 xdebug，则说明成功开启了 xdebug，如图 3-20 所示。

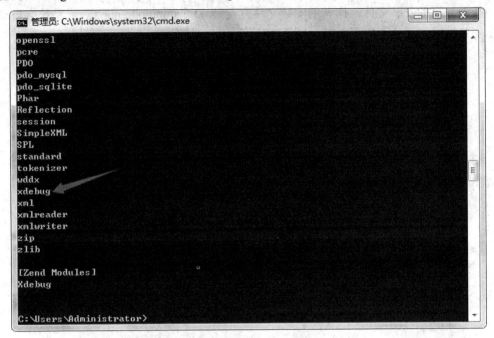

图 3-20　检测 xdebug 启动(1)

另一种方法是在图 3-21 所示的界面中查找 xdebug 项，若能找到则说明 xdebug 配置成功。

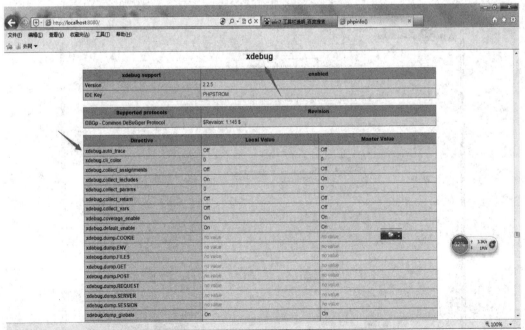

图 3-21　检测 xdebug 启动(2)

第三步：客户端调试。注意，读者在配置时，系统显示界面可能因为所用版本不一致而会有差别。

（1）打开 PhpStorm，进入 File→Settings→PHP，在 CLI Interpreter 行后单击浏览按钮图标，找到自己的安装文件，作者的安装文件位置是 D:\xampp\php\php.exe。系统会自动识别出安装的版本，分别如图 3-22、图 3-23 所示。

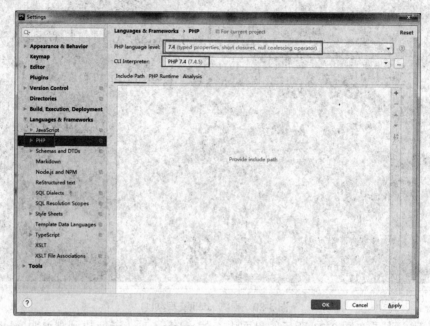

图 3-22　设置 PhpStorm 中的 PHP(1)

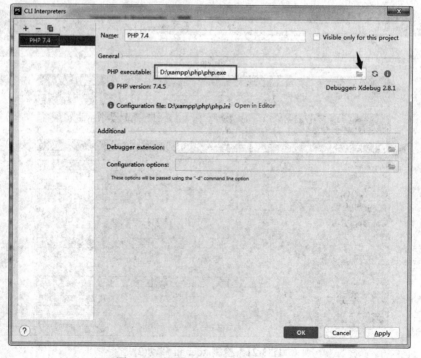

图 3-23　设置 PhpStorm 中的 PHP(2)

(2) 进入 File→Settings→Languages & Frameworks→PHP→Servers，填写服务器端的相关信息，选项 Name 填 localhost，选项 Host 填 localhost，选项 Port 填 9000(根据自己的配置填写，要与前面 Apache 的端口号一致)，选项 Debugger 应选择 Xdebug，如图 3-24 所示。

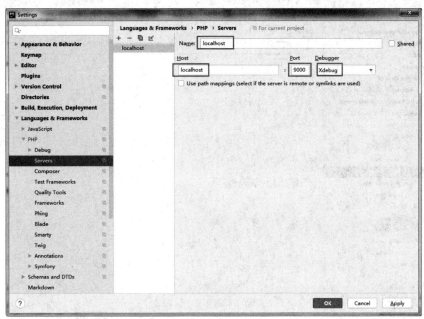

图 3-24 填写服务器相关信息

(3) 进入 File→Settings→Languages & Frameworks→PHP→Debug，看到 Xdebug 选项卡，选项 Debug port 应填 9000，其他默认，如图 3-25 所示。

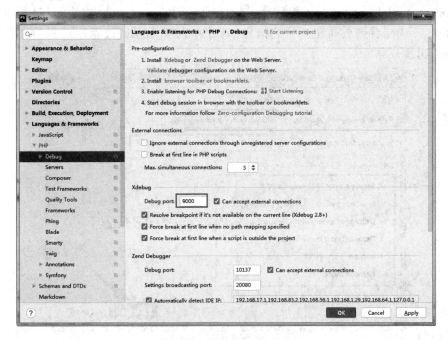

图 3-25 设置 Xdebug 端口

（4）进入 File→Settings→Languages & Frameworks→PHP→Debug→DBGp Proxy，选项 IDE key 填 PHPSTORM，选项 Host 填 localhost，选项 Port 填 9000，单击"OK"退出设置，如图 3-26 所示。

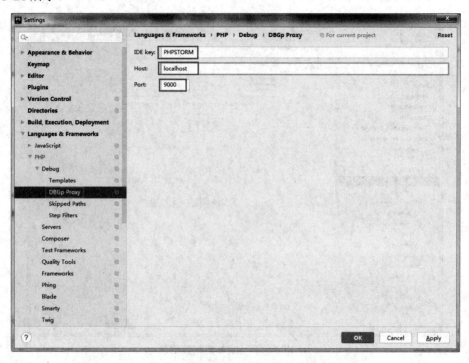

图 3-26　设置 DBGp Proxy

（5）服务器调试配置。进入 Run→Web Server Debug Validation，在 Path to create validation script 中输入自己的工程目录，在 Url to validation script 中输入 Url 目录。单击"Validate"，就能看到页面左下角的信息，如图 3-27 所示。注意，这里的工程目录是 framework402。

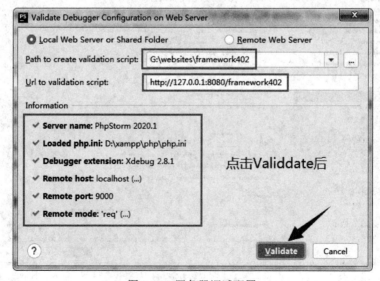

图 3-27　服务器调试配置

　　第四步：Chrome 浏览器链接配置。找到对应的插件，Chrome 插件为 PhpStorm IDE Support Crx4Chrome.crx，将其下载下来，然后拖动文件到 Chrome 设置→扩展程序。成功安装插件后，Chrome 右上角会增加 JB 图标。Chrome 浏览器设置如图 3-28 至图 3-32 所示。

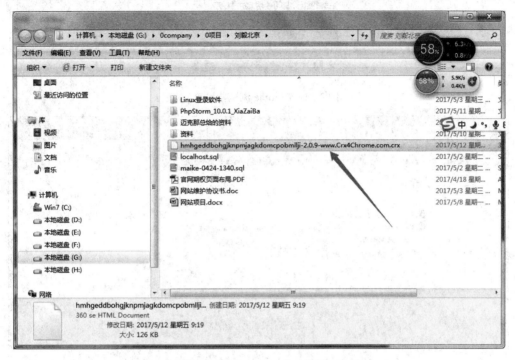

图 3-28　Chrome 浏览器设置(1)

图 3-29　Chrome 浏览器设置(2)

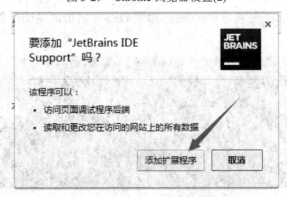

图 3-30　Chrome 浏览器设置(3)

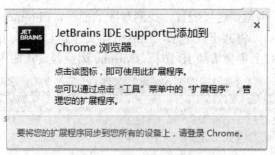

图 3-31　Chrome 浏览器设置(4)

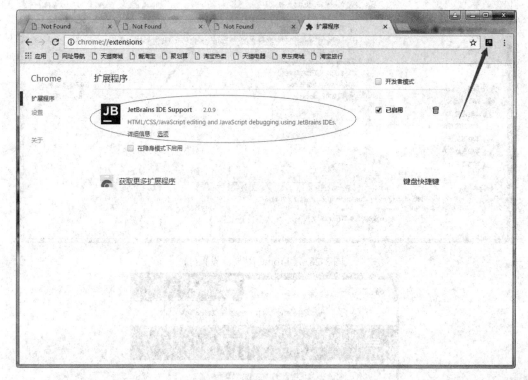

图 3-32　Chrome 浏览器设置(5)

第五步：在 PhpStorm 里打开监听，即单击一个像电话一样的按钮，使之变为绿色。在需要测试的程序代码行前单击鼠标，设置程序断点，再单击绿色的 debug 爬虫按钮，Chrome 浏览器打开 Xdebug 页，PhpStorm 出现 Debug 窗口，说明配置成功，如图 3-33 和图 3-34 所示。

图 3-33　Xdebug 配置成功(1)

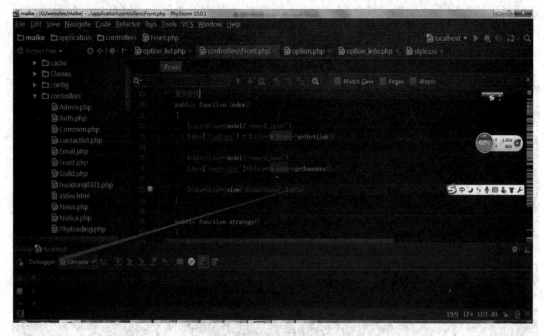

图 3-34　Xdebug 配置成功(2)

　　具体调试程序时，打开自己的项目，在想要调试的程序语句最左边单击鼠标，设置断点，断点显示为淡红色圆点，如图 3-35 所示。

图 3-35　设置程序调式断点

　　设置完断点之后，就可以执行 Run→Debug→localhost 进行调试，也可以单击右上角的绿色调试图标或者按 Shift + F9 快捷键进行调试。

　　单击"调试"之后，系统会自动打开浏览器访问当前项目，然后在浏览器中进行操作，只要程序执行到断点位置，就会在 PhpStorm 中自动中断，并出现调试窗口，显示调试环境和变量，此时就可以进行单步跟踪了。打开 Run 菜单，会出现各种调试命令，这里不再赘述。比如，作者的程序运行到断点时会显示如图 3-36 所示界面。

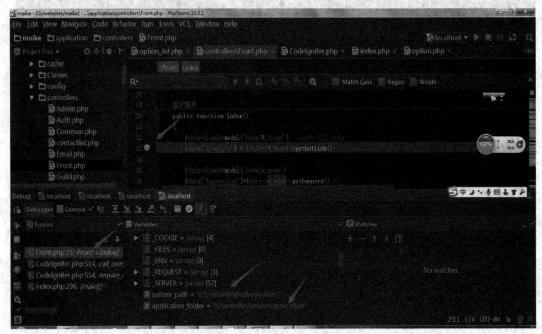

图 3-36　运行程序到断点

若要继续执行，则只需要按 F9 键，浏览器中就会出现运行结果。

思考和练习

1. 在 Dreamweaver 平台上，熟练掌握 HTML 中标题、段落、列表、表格、表单、超链接等标记方法。

2. 在 Dreamweaver 平台上，熟练掌握 HTML 中图形、Flash 动画、声音、视频等各种嵌入对象标记方法。

3. 在 Dreamweaver 中如何添加和删除 CSS 文档？

4. 利用 Dreamweaver 制作一个个人主页。

5. 安装 FileZilla，并熟悉它与服务器的连接配置方法。

6. 下载安装 PhpStorm，并学会相应配置。

第 4 章　网站开发技术

4.1　HTML

　　Internet 是一个把分布于世界各地具有不同结构的计算机网络用各种传输介质互相联接起来的网络，中文译名为因特网、国际互联网等，也有人称它为网络的网络。因特网于1969 年诞生于美国，它的前身阿帕网(ARPANET)是一个军用研究系统，后来才逐渐发展成为一个连接高等院校计算机的学术系统，现在则已发展成为一个覆盖全球的开放型全球计算机网络系统，拥有许多服务商。普通电脑用户只需一台个人计算机就可以与因特网服务商连接，便可进入因特网。因特网并不是全球唯一的互联网络。在欧洲，跨国的互联网络有欧盟网(Euronet)、欧洲学术与研究网(EARN)、欧洲信息网(EIN)，在美国还有国际学术网(BITNET)等。

　　可以看出，因特网是互联网的一种，它使用 TCP/IP 协议让不同的设备可以彼此通信。但使用 TCP/IP 协议的网络并不一定是因特网，一个局域网也可以使用 TCP/IP 协议。判断自己是否接入因特网，首先要看自己的电脑是否安装了 TCP/IP 协议，其次要看是否拥有一个公网地址(所谓公网地址，就是所有私网地址以外的地址)。

　　大写的"Internet"和小写的"internet"所指的对象是不同的。当所说的是上文谈到的那个全球最大的也就是我们通常所使用的互联网络时，就称它为因特网或国际互联。这时因特网是作为专有名词出现的，因而开头字母必须大写。但如果作为普通名词使用，即开头字母是小写的"internet"，则泛指由多个计算机网络相互联接而成的一个大型网络。

　　Internet 提供的主要服务有万维网(WWW)、文件传输协议(File Transfer Protocol，FTP，作用是上传或者下载文件)、电子邮件(E-mail)、远程登录(Telnet)、手机(3 GHz) 等。WWW(World Wide Web，3W)有时也叫 Web，中文译名为万维网、环球信息网等。WWW由欧洲核物理研究中心(CERN)研制，其目的是为全球范围的科学家利用 Internet 进行通信、信息交流和信息查询提供方便。

　　WWW 是建立在 B/S(Browser/Server，客户机/服务器)模型之上的。WWW 是以 HTML(Hyper Text Markup Language，超文本标注语言，作用是定义超文本文档的结构和格式)与HTTP(Hype Text Transfer Protocol，超文本传输协议，负责规定浏览器和服务器怎样互相交流)为基础，能够提供面向 Internet 服务的、一致的用户界面的信息浏览系统。WWW 是存储在 Internet 计算机中、数量巨大的文档的集合，这些文档被称为网页。网页文件是用 HTML编写的，可在 WWW 上传输，是能被浏览器识别显示的文本文件(Hypertext，超文本)。实际上，HTML 就是制作网页的编程语言。网站由众多不同内容的网页构成，网页的内容可体现网站的全部功能。通常把进入网站首先看到的网页称为首页或主页(Homepage)。WWW 服务器采用超文本链路来链接(Hyperlink，超链接)信息页，这些信息页既可放置在同一主机上，也可放置在不同地理位置的主机上。本链路由 URL(Uniform Resource Locator，统一资源定位符)维持，WWW 客户端软件(即 WWW 浏览器)负责信息显示与向服务器发送请求。

4.1.1　HTML 基本标记

HTML 的主框架组成部分是"<html>……</html>"标记，内含"<head>……</head>"标记和"<body>……</body>"标记。所有的标记都是成对出现的，并且可以看出，一般结束标记的尖括号内多加了"/"符号。标记可以嵌套使用。例如，下面就是 HTML 的主框架结构：

```html
<!doctype html>
<html>
    <head>
        <meta http-equiv="Content-Type" content="text/html; charset=gb2312" />
        <title>标题文字</title>
    </head>
    <body>
        <!--这里是 HTML 主体部分-->
    </body>
</html>
```

完整的 HTML 文件包括标题、段落、列表、表格、表单、超链接，以及滚动标记、图形、Flash 动画、声音、视频等各种嵌入对象，这些对象统称为 HTML 元素。下面是标题、段落、列表、表格、表单、超链接等基本元素的标记示例(index1.html)：

```html
<!doctype html>
<HTML><HEAD><TITLE></TITLE>
<META http-equiv=Content-Type content="text/html; charset=utf-8"><LINK
href="images/mycss.css" type=text/css rel=stylesheet>
<META content="MSHTML 6.00.2900.2995" name=GENERATOR>
<style type="text/css">
<!--
.STYLE1 {color: #9ED20B}
-->
</style>
</HEAD>
<BODY leftMargin=0 background=images/index_bg.gif topMargin=0>
<TABLE cellSpacing=0 cellPadding=0 width=778 align=center border=0>
    <TR>
```

```
<TD bgColor=#009900>
    <TABLE cellSpacing=1 cellPadding=0 width="100%" border=0>
        <TR>
            <TD bgColor=#ffffff><BGSOUND src="" loop=infinite>
                <TABLE cellSpacing=0 cellPadding=0 width=777 align=center
                    border=0><TBODY>
                    <TR>
                        <TD>
                            <TABLE cellSpacing=0 cellPadding=0 width="75%" border=0>
                                <TBODY>
                                    <TR>
                                        <TD><IMG height=37 src="images/top_1.jpg"
                                            width=778 border=0
                                            href="../main/index_e.asp"></TD>
                                        </TR>
                                        <TR>
            <TD vAlign=bottom width=778 background=images/top_3.jpg
            height=154> 
                                        </TD>
                                        </TR>
                                </TBODY></TABLE></TD></TR>
        <TR>
            <TD vAlign=center align=right height=19>
                <TABLE cellSpacing=0 cellPadding=0 width="75%" border=0>
                    <TBODY>
                        <TR>
                            <TD align=middle><span class="STYLE1">ENGLISH |
                            首 页 | 学校简介 | 学校新闻 | 学校展示 | 人才招聘
                            | 客户留言 | 联系我们</span></TD>
                        </TR></TBODY></TABLE></TD></TR></TBODY></TABLE>
    <TABLE cellSpacing=0 cellPadding=0 width=777 align=center
    bgColor=#ffffff border=0>
        <TR>
            <TD vAlign=top width=200>
                <TABLE cellSpacing=0 cellPadding=0 width=198 border=0>
                    <TR>
                        <TD background=images/left-bg.jpg>
                            <TABLE cellSpacing=0 cellPadding=0 width="100%"
                            border=0>
```

```
                    <!--下面是图像-->
                    <p><img src="images/book.jpg" width="190" height="300" border="0"
                    /></p>
                        <TR>
                            <TD><IMG height=14 src="images/line.jpg"
                                    width=198></TD></TR>
                        <TR>
                        </TR>


<!--下面是某个外部页面的超链接-->
<p><a href="http://www.baidu.com">陕西省教育厅</a></p>
<p><a href="ftp://ftp.tsinghua.edu.cn">西安电子科技大学</a></p>
<!--下面是某个下载文件的超链接-->
<p><a href="mp3.rar">下载文件链接</a></p>
                            </TABLE></TD></TR>
                        <TR>
                            </TR></TABLE></TD>
                    <TD vAlign=top align=middle>
<!--下面是表格-->
<table width="400" border="1">
    <tr bgcolor="#FF9966">
        <th align="left">项目</th>
        <th align="right">一月</th>
        <th align="right">二月</th>
    </tr>
    <tr   bgcolor="#FFCCFF">
        <td align="left">办公用品</td>
        <td align="right">$241.10</td>
        <td align="right">$500.20</td>
    </tr>
    <tr bgcolor="#66CC99">
        <td align="left">设备费用</td>
        <td align="right">$30000.00</td>
        <td align="right">$40000.45</td>
    </tr>
        <tr   bgcolor="#FFCCFF">
        <td align="left">报废设备</td>
        <td align="right">$730.40</td>
        <td align="right">$650.00</td>
```

```
        </tr>
    </table>
    <!--下面是表单效果-->
    <form name="form1" method="post" action="">
        <table   width="98%"   border="0"   align="center"   cellpadding="5"   cellspacing="1"
bgcolor="#e7e7e7">
            <tr>
                <td width="22%">
                    <div align="center">学生姓名：</div>
                </td>
                <td width="78%">
                    <input name="textfield" type="text" size="10">
                </td>
            </tr>
            <tr>
                <td>
                    <div align="center">
                        <span class="butten">课程性质：</span>
                    </div>
                </td>
                <td>
<input type="checkbox" name="checkbox" value="checkbox">素质教育课
<input type="checkbox" name="checkbox2" value="checkbox">公共选修课
<input type="checkbox" name="checkbox22" value="checkbox">专业基础课
<input type="checkbox" name="checkbox22" value="checkbox">专业方向课
<input type="checkbox" name="checkbox222" value="checkbox">实践课
                    </td>
                </tr>
                <tr>
                    <td>
                        <div align="center">
                            <span class="butten">实验性质：</span>
                        </div>
                    </td>
                    <td>
<input type="radio" name="radiobutton" value="radiobutton">实验课
<input type="radio" name="radiobutton" value="radiobutton">生产实习
<input type="radio" name="radiobutton" value="radiobutton">课程设计
<input type="radio" name="radiobutton" value="radiobutton">毕业设计
```

```
                    </td>
                </tr>
                <tr>
                    <td>
                        <div align="center">
                            <span class="butten">选择课程：</span>
                        </div>
                    </td>
                    <td>
                        <select name="select">
                            <option>人力资源与管理</option>
                            <option>市场策划与营销</option>
                            <option>微观经济学</option>
                            <option>Java 程序设计</option>
                        <option>网站开发技术</option>
                        </select>
                    </td>
                </tr>
                <tr>
                    <td>
                    <div align="center"><FONT color=#000000>课程说明</FONT>：</div>
                    </td>
                    <td>
                        <textarea name="textarea" cols="50" rows="8"></textarea>
                    </td>
                </tr>
                <tr>
                    <td colspan="2">
                        <div align="center">
                            <input type="submit" name="Submit" value="提交">
                            <input type="reset" name="Submit2" value="重置">
                        </div>
                    </td>
                </tr>
            </table>
        </form>

                </TD>
            </TR></TABLE>
```

```
<TABLE borderColor=#ffffff cellSpacing=0 cellPadding=0 width=777
align=center bgColor=#009900 border=0>
    <TBODY>
    <TR>
        <TD vAlign=top>
            <TABLE cellSpacing=0 cellPadding=0 width="100%" border=0>
                <TBODY>
                <TR>
                    <TD><IMG height=26 src="images/bottom.gif"
                    width=778></TD>
                </TR>
                <TR>
                    <TD align=middle> </TD>
                </TR>
            </TR></TBODY></TABLE></TD></TR></TBODY></TABLE></TD>
    </TR></TABLE></TD></TR></TBODY></TABLE>
</BODY>
</HTML>
```

上面的 HTML 文件在浏览器中运行的结果如图 4-1 所示。注意，这些基本标记具有共性的属性，如 height 表示高度，width 表示宽度，bgColor 表示背景颜色，align 表示对齐状态等，所以，学习时加以系统总结就可以提高学习效率。

图 4-1　HTML 基本元素在浏览器中运行的结果

4.1.2　HTML 嵌入式标记

本书将滚动标记、图形、Flash 动画、声音、视频等各种嵌入对象放在嵌入式标记里讲解。下面是嵌入对象等元素的标记示例(index2.html)：

```
<!doctype html>
<HTML><HEAD><TITLE></TITLE>
<META http-equiv=Content-Type content="text/html; charset=utf-8"><LINK
href="images/mycss.css" type=text/css rel=stylesheet>
<META content="MSHTML 6.00.2900.2995" name=GENERATOR>
<style type="text/css">
<!--
.STYLE1 {color: #9ED20B}
-->
</style>
</HEAD>
<BODY leftMargin=0 background=images/index_bg.gif topMargin=0>
<TABLE cellSpacing=0 cellPadding=0 width=778 align=center border=0>
  <TR>
    <TD bgColor=#009900>
      <TABLE cellSpacing=1 cellPadding=0 width="100%" border=0>
       <TR>
         <TD bgColor=#ffffff><BGSOUND src="" loop=infinite>
           <TABLE cellSpacing=0 cellPadding=0 width=777 align=center
           border=0><TBODY>
           <TR>
             <TD>
               <TABLE cellSpacing=0 cellPadding=0 width="75%" border=0>
               <TBODY>
                 <TR>
                   <TD><IMG height=37 src="images/top_1.jpg" width=778
                   border=0 href="../main/index_e.asp"></TD>
                 </TR>
                 <TR>
                   <TD vAlign=bottom width=778 background=images/top_2.jpg
                   height=154> 
                     <!--下面是滚动标记-->
                   <marquee  direction="left"  scrollamount="3"  hspace="50"
                   vspace="40">
                     <h1 >庆祝中华人民共和国成立 70 周年！</h1>
```

```
            </marquee>
          </TD>
        </TR>
        </TBODY></TABLE></TD></TR>
      <TR>
        <TD vAlign=center align=right height=19>
        <TABLE cellSpacing=0 cellPadding=0 width="75%" border=0>
          <TBODY>
          <TR>
            <TD align=middle><span class="STYLE1">ENGLISH | 首　页 |
学校简介 | 学校新闻 | 学校展示 | 人才招聘 | 客户留言 | 联系我们</span></TD>
          </TR></TBODY></TABLE></TD></TR></TBODY></TABLE>
      <TABLE cellSpacing=0 cellPadding=0 width=777 align=center
      bgColor=#ffffff border=0>
        <TR>
          <TD vAlign=top width=200>
            <TABLE cellSpacing=0 cellPadding=0 width=198 border=0>
          <TR>
            <TD background=images/left-bg.jpg>
            <TABLE cellSpacing=0 cellPadding=0 width="100%" border=0>
              <!--下面是在网页中插入 Flash 动画效果-->
              <embed src="images/3-8.swf" width="190" height="150"></embed>
              <TR>
              <TD><IMG height=14 src="images/line.jpg"
                width=198></TD></TR>
          <TR>
          </TR>
              <!--下面是音乐-->
                <embed src="images/abc.mp3" width="190" height=
                "150"></embed>
              </TABLE></TD></TR>
          <TR>
          <TD><IMG height=16
            src="images/left_bottom.jpg"
        width=198></TD></TR></TABLE></TD>
        <TD vAlign=top align=middle>
<!--下面是视频效果-->
<video controls="controls" autoplay="autoplay">
    <source src="video/video10.mp4"  height="150" type="video/mp4">
```

```
        </video>
            </TD>
        </TR></TABLE>
    <TABLE borderColor=#ffffff cellSpacing=0 cellPadding=0 width=777
    align=center bgColor=#009900 border=0>
        <TBODY>
        <TR>
            <TD vAlign=top>
                <TABLE cellSpacing=0 cellPadding=0 width="100%" border=0>
                <TBODY>
                    <TR>
                        <TD><IMG height=26 src="images/bottom.gif"
                        width=778></TD>
                    </TR>
                    <TR>
                        <TD align=middle> </TD>
                    </TR></TBODY></TABLE></TD></TR></TBODY></TABLE></TD>
        </TR></TABLE></TD></TR></TBODY></TABLE>
    </BODY>
    </HTML>
```

上面的 HTML 文件在浏览器中运行的结果如图 4-2 所示。

图 4-2　HTML 嵌入式标记在浏览器中运行的结果

4.1.3　HTML5 及其相关元素

HTML5 是一种最新的网络标准，相比过去的 HTML4，HTML5 语言更加精简，解析的规则更加详细，可以实现更强的页面表现性能，同时充分调用本地资源，实现了很强的功能效果。HTML5 带给了浏览者更好的视觉冲击，同时让网站程序员更好地与 HTML 语言交互。虽然现在 HTML5 还没有完善，但是可以使以后的网站建设拥有广阔的发展空间。

HTML5 于 2010 年正式推出，随后就引起了各大浏览器开发商的极大热情。HTML5 为什么会如此广受关注呢？原因在于 HTML5 语法规则当中，部分的 JavaScript 代码被 HTML5 的新属性所替代，部分的 DIV 布局代码也被 HTML5 变为更加语义化的结构标签，这使得网站前端的代码变得更加精炼、简洁和清晰，让开发者对代码所要表达的意思一目了然。

例如，在 HTML5 中为了确保兼容性，就要有一个统一的标准。因此，在 HTML5 中，围绕着这个 Web 标准，重新定义了一套在现有的 HTML 的基础上修改而来的语法，使各浏览器在运行 HTML 的时候都能够符合这个通用标准。再比如，因为 HTML5 的 Web 标准中提供了这些算法的详细记载，所以各 Web 浏览器的供应商可以把 HTML5 分析器集中封装在自己的浏览器中。最新的 Firefox 与 WebKit 浏览器引擎中都迅速地封装了供 HTML5 使用的分析器。

在 HTML5 的标记方法中，增加了内容类型(ContentType)、DOCTYPE 声明和指定字符编码。HTML5 中规定的语法，在设计上兼顾了与现有 HTML 之间最大程度的兼容性。例如，可以省略标签的元素、取得 boolean 值的属性和省略属性的引用符。HTML5 新增了许多结构元素，具体如下：

(1) section：可以表达书本的一部分或一章，或者一章内的一节。

(2) header：页面主体上的头部，并非 head 元素。header 元素是一种具有引导和导航作用的结构元素，通常用来放置整个页面或页面内的一个内容区块的标题，header 内也可以包含其他内容，如表格、表单或相关的 Logo 图片。

(3) footer：页面的底部(页脚)，可以是一封邮件签名的所在。footer 通常包括其相关区块的脚注信息，如作者、相关阅读链接及版权信息等。footer 元素和 header 元素使用方法基本一样，可以在一个页面中使用多次，如果在一个区段后面加入 footer 元素，那么它就相当于该区段的尾部了。

(4) nav：到其他页面的链接集合。

(5) article：blog、杂志、文章汇编等中的一篇文章。

HTML5 增加了一些纯语义性的块级元素，如 aside、figure、figcaption、dialog 等，还增加了一些行内语义元素，如 mark、time、meter、progress 等。在 HTML4 中要嵌入一个视频或是音频时除了需要引入一大段的代码外，还要兼容各个浏览器。HTML5 新增了很多多媒体和交互性元素如 video、audio，只需要通过引入一个标签就可以，就像 img 标签一样方便。在网站页面设计时，难免会碰到表单的开发，HTML5 中提供了大量的表单功能，用户输入的大部分内容都是在表单中完成后提交到后台的。在 HTML5 中，对 input 元素进行了大幅度的改进，这使得我们可以简单地使用这些新增的元素来实现原本需要 JavaScript 才能实现的功能。

同时，HTML5 中废除了很多元素，具体如下：

(1) 能使用 CSS(层叠样式表)替代的元素。

(2) 不再使用 frame 框架。

(3) 只有部分浏览器支持的元素。

(4) 其他被废除的元素。

HTML5 在增加和废除很多元素的同时，也增加和废除了很多属性。

在 HTML5 的新特性中，新增结构元素的主要功能就是解决之前在 HTML4 中 DIV 泛滥的情况，增强网页内容的语义性，这对搜索引擎而言，能更好地识别和组织索引内容。合理地使用这种结构元素，将极大地提高搜索结果的准确度和体验效果。新增的结构元素，从代码上很容易看出它主要消除了 DIV，即增强了语义性，强调 HTML 的语义化。例如，article 元素包含独立的内容项，可以包含一个论坛帖子、一篇杂志文章、一篇博客文章、用户评论等。这个元素可以将信息各部分进行任意分组，而不论信息原来的性质。section 元素用于对网站或应用程序中页面上的内容进行分块。一个 section 元素通常由内容和标题组成。但 section 元素也并非一个普通的容器元素，当一个容器需要被重新定义样式或者定义脚本行为时，还是推荐使用 DIV 控制。nav 元素在 HTML5 中用于包裹一个导航链接组，用于说明这是一个导航组，在同一个页面中可以同时存在多个 nav。aside 元素用来表示当前页面或文章的附属信息部分，它可以包含与当前页面或主要内容相关的引用、侧边栏、广告、导航条以及其他类似的有别于主要内容的部分。

除了以上几个主要的结构元素之外，HTML5 内还增加了一些表示逻辑结构或附加信息的非主体结构元素。例如，address 元素通常位于文档的末尾，address 元素用来在文档中呈现联系信息，包括文档创建者的名字、站点链接、电子邮箱、真实地址、电话号码等。address 不只是用来呈现电子邮箱或真实地址这样的"地址"概念，还应该包括与文档创建人相关的各类联系方式。

下面举例说明 HTML5 的应用。

例 1　获取客户当前的经度/纬度坐标(index3.html)。代码如下：

```
<!doctype html>
<html>
<head>
<meta charset="utf-8">
</head>
<body>
<p id="demo">获得我的经度/纬度坐标：</p>
<button onclick="getLocation()">测试</button>
<script>
var x=document.getElementById("demo");
function getLocation()
    {
    if (navigator.geolocation)
        {
```

```
navigator.geolocation.watchPosition(showPosition);
    }
else{x.innerHTML="Geolocation is not supported by this browser.";}
    }
function showPosition(position)
    {
    x.innerHTML="Latitude: " + position.coords.latitude +
    "<br />Longitude: " + position.coords.longitude;
    }
</script>
</body>
</html>
```

在 Internet Explorer 浏览器中运行上面的程序，其结果如图 4-3 所示。

图 4-3　在 Internet Explorer 浏览器中运行的结果

单击图 4-3 中的"测试"，得到如图 4-4 所示的经度和纬度地理位置坐标。

图 4-4　获得客户目前的经度/纬度坐标

例 2　绘制时钟。代码(index4.html)如下：

```
<!doctype html>
<html>
<head>
    <meta charset="utf-8">
    <title>实时钟表</title>
    <meta name="Keywords" content="">
```

```
        <meta name="author" content="@my_programmer">
        <style type="text/css">
                body{margin:0;}
        </style>
    </head>
    <body onload="run()">
    <canvas id="canvas" width=400 height=400 style="border: 2px #FF0EFC solid;">你的浏览器太差
了！</canvas>
    <script>
            window.onload=draw;
            function draw() {
                    var canvas=document.getElementById('canvas');
                    var context=canvas.getContext('2d');
                    context.save();                //保存
                    context.translate(200,200);
                    var deg=2*Math.PI/12;
                    //表盘
                    context.save();
                    context.beginPath();
                    for(var i=0; i<13; i++){
                        var x=Math.sin(i*deg);
                        var y=-Math.cos(i*deg);
                        context.lineTo(x*150, y*150);
                    }
                    var c=context.createRadialGradient(0, 0, 0, 0, 0, 130);
                    c.addColorStop(0, "#360");
                    c.addColorStop(1, "#6C0")
                    context.fillStyle=c;
                    context.fill();
                    context.closePath();
                    context.restore();
                    //数字
                    context.save();
                    context.beginPath();
                    for(var i=1; i<13; i++){
                        var x1=Math.sin(i*deg);
                        var y1=-Math.cos(i*deg);
                        context.fillStyle="#89FCED";
                        context.font="bold 20px Calibri";
```

```
            context.textAlign='center';
            context.textBaseline='middle';
            context.fillText(i, x1*120, y1*120);
    }
    context.closePath();
    context.restore();
    //大刻度
    context.save();
    context.beginPath();
    for(var i=0; i<12; i++){
            var x2=Math.sin(i*deg);
            var y2=-Math.cos(i*deg);
            context.moveTo(x2*148,y2*148);
            context.lineTo(x2*135,y2*135);
    }
    context.strokeStyle='#67FCDE';
    context.lineWidth=4;
    context.stroke();
    context.closePath();
    context.restore();
    //小刻度
    context.save();
    var deg1=2*Math.PI/60;
    context.beginPath();
    for(var i=0; i<60; i++){
        var x2=Math.sin(i*deg1);
        var y2=-Math.cos(i*deg1);
        context.moveTo(x2*146, y2*146);
        context.lineTo(x2*140, y2*140);
    }
    context.strokeStyle='#035E8D';
    context.lineWidth=2;
    context.stroke();
    context.closePath();
    context.restore();
    //文字
    context.save();
    context.strokeStyle="#56347F";
    context.font=' 34px sans-serif';
```

```
context.textAlign='center';
context.textBaseline='middle';
context.strokeText('中国制造', 0, 65);
context.restore();
//新日期
var time=new Date();
var h=(time.getHours()%12)*2*Math.PI/12;
var m=time.getMinutes()*2*Math.PI/60;
var s=time.getSeconds()*2*Math.PI/60;
//时针
context.save();
context.rotate( h + m/12 + s/720) ;
context.beginPath();
context.moveTo(0,6);
context.lineTo(0,-85);
context.strokeStyle="#0F5ECF";
context.lineWidth=6;
context.stroke();
context.closePath();
context.restore();
//分针
context.save();
context.rotate(m+s/60 ) ;
context.beginPath();
context.moveTo(0, 8);
context.lineTo(0, -105);
context.strokeStyle="#FB8F7D";
context.lineWidth=4;
context.stroke();
context.closePath();
context.restore();
//秒针
context.save();
context.rotate( s ) ;
context.beginPath();
context.moveTo(0, 10);
context.lineTo(0, -120);
context.strokeStyle="#Aff3f2";
context.lineWidth=2;
```

```
            context.stroke();
            context.closePath();
            context.restore();
            context.restore();              //出栈
            setTimeout(draw, 1000);         //计时器
        }
    </script>
</body>
</html>
```

运行上面的程序，其结果如图 4-5 所示。

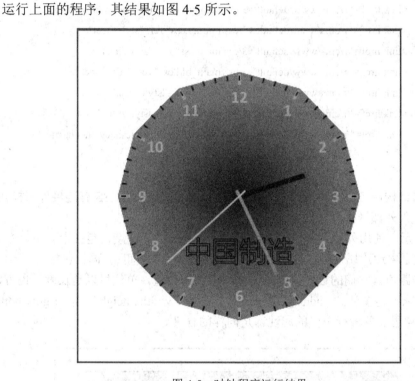

图 4-5　时钟程序运行结果

4.1.4　使用 CSS

CSS 是一种制作网页的新技术，现在已经被大多数浏览器所支持，成为网页设计必不可少的工具之一。样式表的首要目的是为网页上的元素精确定位。其次，它可以把网页上的内容结构和格式控制相分离。浏览者想要看的是网页上的内容结构，而为了让浏览者更好地看到这些信息，就要通过格式来控制。内容结构和格式控制相分离，使网页可以仅由内容构成，而将所有网页的格式通过 CSS 文件来控制。在 CSS 的配合下，HTML 语言能发挥出更大的作用。

注意，网页为了做到内容结构和格式控制相分离，一般会把 CSS 格式控制放置在另外一个文件中，而在内容结构的 HTML 文件的头部包含 CSS 文件。例如，下面就是以西安

石油大学主页为例，列出的头部 CSS 包含文件：

```
<!doctype html>
  <html>
    <head>
      <meta charset="utf-8">
      <meta http-equiv="X-UA-Compatible" content="IE=edge,Chrome=1" />
      <meta name="viewport" content="width=device-width,initial-scale=1.0,user-scalable=no" />
      <meta name="renderer" content="webkit">
      <title>西安石油大学</title>
      <link href="/r/cms/www/default/v3/css/idangerous.swiper.css" rel="stylesheet">
      <link href="/r/cms/www/default/v3/css/pintuer.css" rel="stylesheet">
      <link href="/r/cms/www/default/v3/css/main.css" rel="stylesheet">
      <link href="/r/cms/www/default/v3/css/main_old.css" rel="stylesheet">
      <link href="/r/cms/www/default/v3/css/rk.css" rel="stylesheet">
      <link href="/r/cms/www/default/v3/css/color.css" rel="stylesheet">
      <link href="/r/cms/www/default/v3/css/layui.css" rel="stylesheet" media="all">
    ...
  </html>
```

CSS 的语法结构由三部分组成：选择符、样式属性和值。添加 CSS 有链接外部样式表、内部样式表、导入外部样式表和内嵌样式表等方法。

如图 4-6 所示，使用外边距属性可以设置元素周围的边界宽度，包括上、下、左、右四个边界的距离。内边距属性用于设置边框和元素内容之间的间距，同样包括上、下、左、右四个方向的边距值。它们的设置值都是一样的，都为数值，单位可以是长度，也可以是百分比。这里大家一定要注意 padding 和 margin 的区别。width、height、top、right、bottom、left 这些单词的意思在各种标记中的属性都是同样的含义。

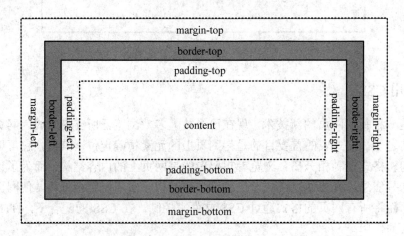

图 4-6　外边距属性

由于有些属性可能在某些版本或者某种浏览器中不能正确地被显示，因此要对制作好的网页效果如滤镜、翻转等进行认真测试。

关于 CSS，其属性设置很简单，这里就不再举例，打开网站，单击右键选择"查看源"就能够看到 CSS 的身影。

4.2 JavaScript

对于某些特殊功能，HTML 语言本身是不能实现的，这就要借助于 JavaScript 脚本语言。使用 JavaScript 可以使网页产生动态效果，JavaScript 因其小巧简单而备受用户的欢迎。使用 HTML 只能制作出静态的网页，无法独立完成与客户端动态交互的网页设计。虽然也有其他的语言如 CGI、ASP、Java 等能制作出交互的网页，但是因为其编程方法较为复杂，因此 Netscape 公司开发出了 JavaScript 语言，它引进了 Java 语言的概念，是内嵌于 HTML 中的语言。

JavaScript 语言有自己的常量、变量、表达式、运算符以及程序的基本框架。JavaScript 中的数据可以是常量或是变量。在定义完变量后，就可以对其进行赋值、改变、计算等一系列操作，这一过程通过表达式来完成，而表达式中的一大部分是在做运算符处理。JavaScript 中主要有两种基本语句，一种是循环语句，如 for、while；另一种是条件语句，如 if 等。另外还有一些其他的程序控制语句。函数是拥有名称的一系列 JavaScript 语句的有效组合。只要这个函数被调用，就意味着这一系列 JavaScript 语句按顺序被解释执行。一个函数可以有自己的参数，并可以在函数内使用这些参数。JavaScript 是基于对象的语言，而基于对象的基本特征，就是采用事件驱动。通常把鼠标或键盘的动作称为事件，把由鼠标或键盘引发的一连串程序的动作称为事件驱动。而对事件进行处理的程序或函数，则称为事件处理程序。

使用浏览器的内部对象，可实现与 HTML 文档进行交互。浏览器的内部对象主要包括以下几个：

(1) 浏览器对象(navigator)：提供有关浏览器的信息。

(2) 文档对象(document)：与文档元素一起工作的对象。

(3) 窗口对象(windows)：处于对象层次的最顶端，它提供了处理浏览器窗口的方法和属性。

(4) 位置对象(location)：提供了与当前打开的 URL 一起工作的方法和属性，它是一个静态的对象。

(5) 历史对象(history)：提供了与历史清单有关的信息。

下面举例介绍 JavaScript 的应用。

例 3 图片自动切换。代码(index5.html)如下：

```
<HTML>
<HEAD>
<TITLE>图片自动切换</TITLE>
<META http-equiv=Content-Type content="text/html; charset=gb2312"><LINK
href="images/css.css" type=text/css rel=stylesheet>
```

```
</STYLE>
<script language="JavaScript">
var img = new Array(3);                              //创建图片数组
var nums = 0;
if(document.images)
{
    for(i = 0; i <= 9; i++)                          //总共 10 张图片
    {
        img[i] = new Image();                        //创建对象实例
        img[i].src = "images/00" + i + ".jpg";       //设置所有图片的路径以及图片名
    }
}
function fort()                                      //图片切换
{
    nums ++;
    document.images[0].src= img[nums].src;
    if(nums == 3)
    nums = 0;
}
function slide()                                     //调用 fort 函数
{
    setInterval("fort()", 1000);
}
</script>
</HEAD>
<BODY onload=slide()>
<br>
<TABLE width=152 border=0 align="center" cellPadding=0 cellSpacing=0>
    <TBODY>
        <TR>
            <TD class=border2 vAlign=bottom align=middle width=134>
                <img src="images/001.jpg" width=500 height="400" border=0>
            </TD>
        </TR>
    </TBODY>
</TABLE>
</BODY>
</HTML>
```

运行上面的程序，其结果如图 4-7 所示。在网页上，10 张图片将轮流切换显示。

图 4-7　JavaScript 横向滚动 banner 图片切换

例 4　网页密码口令设置。代码(index6.html)如下：

```
<script language="JavaScript">
var password="";
password=prompt('请输入密码 (本网站需输入密码才可进入):','');
if (password != '830708')                 //假如目前的密码是 830708
    {alert("密码不正确,无法进入本站!!");
    window.opener=null; window.close();}     //密码不正确，关闭
</script>
```

将上面程序段加入到任何一个 HTML 网页的"<head>……</head>"部分，并运行该网页，就会出现提示输入密码的界面，如图 4-8 所示。如果密码输入正确，则正常打开网页；否则，不能打开网页。

图 4-8　JavaScript 实现网页密码输入

4.3　Flash

Flash 是一种交互式动画设计制作工具，它可以将音乐、声音、动画及富有创意的界面融合在一起，制作出高品质的 Flash 动画。Flash 动画在教学、网站、动画视频中的应用越来越广泛，可以说，如果不懂 Flash 动画制作，则很难成为一个高级的网站开发人员。

4.3.1　Flash **绘图**

Flash 设计场景中的十字形标记代表的是元件的原点坐标位置，也就是"x=0，y=0"的位置。在场景中制作动画时，要尽量对齐原点，这样在组合动画时就不会出现位置不准确的情况。元件上的小圆形代表的是元件的中心位置，元件的旋转变形就是以该小圆形为中心进行操作的。元件的中心位置可以通过"选择工具"进行调整。

在 Flash 中绘图时，相同颜色的图形将自动加在一起，不同颜色的图形将自动相减。如果不想出现图形的加减效果，则可以单击"工具箱"上的"对象绘制"按钮，这样绘制的图形将为独立的个体，不会出现加减的效果。

常见的图像格式有 JPG、GIF 和 PNG 三种。JPG 格式具有较好的压缩比，颜色也比较好，但是不支持透底；GIF 格式的体积一般比较小，但是颜色只有 256 种；PNG 是较好的一种格式，体积较小，颜色丰富，且支持透底。

使用 Flash 完成绘图后，可以将其发布为 HTML 格式供互联网使用；或发布为 SWF 格式供用户播放动画；又或发布为 GIF 格式，既可以是图形也可以是动画。

因为矢量图形可以任意被缩放，所以不影响 Flash 的画质。在制作 Flash 动画时，位图图像一般只作为静态元素或者背景图，主要动画都使用矢量图形。由于 Flash 不善于处理位图图形，所以应尽量少使用位图图像元素。为了控制 Flash 动画生成的 SWF 格式文件大小，可以尽量少使用位图文件，多使用矢量图形；将多余的没有使用的元件删除；将文字和位图都分别打散为矢量的格式；使用一些小软件。

保留文字的基本属性，可以方便对动画的修改，但是由于动画将在不同的电脑中播放，如果该电脑中没有相应的字体文件则无法保证播放的效果，因此要将文字分离成矢量。

通过设置元件"样式"可以对元件的"色调""亮度""透明度"进行设置，这与在"颜色"面板上直接设置图形的样式是不同的。

如何绘制出效果好的图形？在制作卡通类动画时，对场景和角色的绘制都不需要太过精细，相似就可以。所以在绘制时要抓住图形的要点，而不需要面面俱到。可以使用"刷子"工具和"铅笔"工具绘制，必要时也可以使用"钢笔"工具绘制。

如何实现图形外的羽化效果？对于直接绘制的图形可以首先选中图形，然后执行"修改""形状""柔化填充边缘"命令，设置对话框中的"距离""步长数""方向"，从而得到较好的羽化效果。

对于填充完成的渐变效果，可以使用"渐变变形工具"调整渐变的范围、角度等，以得到更自然的图形效果。

为了表现图形的立体效果，无论是图形还是文字，都可以采用为其添加阴影的方法实现立体效果。也可以多绘制几个同色系的图形，通过叠加的方式来实现立体效果。

为了选取某一层的所有内容并等比例缩放，可以将不需要的图层锁定，使用"任意变形工具"选择需要变形的内容，按 Shift + Alt 组合键可以进行等比例放大或者缩小。

读者可以按图 4-9(光芒四射场景)和图 4-10(明媚动态场景)进行 Flash 绘图，具体的绘图步骤请参考 Flash 专业书籍，这里不再介绍。

图 4-9　光芒四射场景

图 4-10　明媚动态场景

4.3.2　Flash 动画

　　在使用图片序列时尽量使用压缩比比较好的 JPG、GIF 和 PNG 格式的图形，不要使用 TIF 这种体积大的图形。如果要作为序列导入，则要求文件名称必须为有序数字。

　　逐帧动画文件一般比较大，但是效果比较好，常用于爆炸、礼花、表情动画、倒计时动画、飘逸头发、光影动画等的设计。

　　单独将图像序列放在时间轴上时，当动画发生改变或者要多次重复使用时就会使得操作不方便。这时，可以将图像序列制作成影片剪辑，这种做法的好处是，除了可以调整元件的位置，还可以对元件的亮度、透明度进行调整，也可以使用滤镜等功能。

下面以一个气球在画面中逐渐降落的例子讲解简单动画的制作。

(1) 在 Flash 中新建一个空文档，导入背景图片 background.png 到舞台，在第 85 帧位置插入帧，控制动画的长度，如图 4-11 所示。

图 4-11　新建一个空文档，导入背景

(2) 在场景中新建图层 2，导入"气球"图片到场景中，并使用任意变形工具调整其大小和位置到左上角。在第一帧位置右键选择"传统补间动画"，如图 4-12 所示。注意，这时时间轴上呈现虚线状态。

图 4-12　制作"气球"元件，并导入到场景中

(3) 在 85 帧位置单击，将左上角的气球拖拉到右下角位置，并使用"任意变形工具"缩小其大小，如图 4-13 所示。注意，这时时间轴上呈现实线状态。新建图层 3，在 85 帧位置插入关键帧。

图 4-13　制作传统补间动画的结束位置

(4) 右键单击鼠标选择"动作面板"，输入脚本 stop(); (注意括号后边的分号)。按 Ctrl + Enter 组合键进行测试，会看到画面中气球从图片的左上角逐渐移动到图片的右下角，如图 4-14 所示。

图 4-14　演示效果

动画设计完毕。

4.3.3　补间动画

传统补间动画能够制作位置变换动画、大小变换动画、透明度动画、颜色转换动画等，制作传统补间动画需要分别制作动画的起始状态和结束状态。动画中间部分由 Flash 自动生成，而一旦动画制作完成，只有通过修改动画的起点和终点才可以改变动画的轨迹。传统补间动画只对元件起作用，如果要实现元件的淡入淡出效果，则可以通过调整元件的透明度(Alpha)数值，再配合传统补间动画来实现。

与传统补间动画不同的是，补间动画制作了动画后，通过控制结束帧上的元件属性，可以设置位置、大小、颜色、透明度等元件属性，还可以调整动画的轨迹。

动画播放是否流畅，可以通过两个方面进行调整：① 制作一个预载动画，让动画在下载完毕后再播放；② 调整动画的帧频，太快和太慢的动画看起来都不自然，调整帧频进行多次测试，选择合适的帧频进行播放。

为了较好地控制图层，首先必须给各个图层命名，其次尽可能地少使用图层。也可以使用图层组管理图层。要善于使用显示/隐藏和锁定图层等辅助功能。

下面以松鼠奔跑的动画为例来说明补间动画的制作。

(1) 在 Flash 中新建一个空文档，导入背景图片 background.png 到舞台，在第 65 帧位置插入帧，控制动画的长度，如图 4-15 所示。

图 4-15　新建一个空文档，导入背景

　　(2) 在场景中制作"松鼠"的影片剪辑元件，并将"松鼠"图片导入，在提示"是否导入图像中的所有序列"时选择"是"。当然，前提是必须提前制作好了多个松鼠奔跑的图片，并将其名称按序排列。

　　(3) 新建图层 2，将"松鼠"元件移动到场景的左侧，如图 4-16 所示。

图 4-16　制作"松鼠"元件，并导入到场景中

　　(4) 在 60 帧位置插入一个关键帧，将"松鼠"元件移动到图形靠近右侧的位置，如图 4-17 所示。

图 4-17　靠近右侧的位置

　　(5) 在 63 帧位置插入一个关键帧，将"松鼠"元件移动到图形的最右侧，如图 4-18

所示，并为其设置透明度为 0%。注意，设置透明度 0%后将看不到"松鼠"元件。

图 4-18 结束位置

(6) 在第 1 帧和第 60 帧位置设置传统补间动画，按 Ctrl + Enter 组合键进行测试，读者会看到画面中松鼠从左侧向右侧奔跑过去，如图 4-19 所示。

图 4-19 松鼠奔跑演示效果

动画设计完毕。

4.3.4 动画预设

是否可以简化动画的设计复杂程度，像一般程序一样预先设计一些模板，制作出各种类型的动画效果，让开发人员照葫芦画瓢地制作出自己的动画呢？实际上，我们想到的问题，系统开发人员早都想到了，这就是动画预设。通过动画预设可以方便地制作出漂亮的动画效果。

每个对象只能有一个预设。如果将第二个预设应用于相同的对象，则第二个预设将替换第一个预设。

下面以球体弹跳的动画来说明动画为例预设的制作。

(1) 在 Flash 中新建一个空文档，导入背景图片 background.png 到舞台，在第 95 帧位置插入帧，控制动画的长度，如图 4-20 所示。

图 4-20　新建一个空文档，导入背景

(2) 插入一个名为"桃子"的影片剪辑元件，并绘制桃子形状。

(3) 在场景中新建图层 2，拖入"桃子"的影片剪辑元件，调整其位置到左侧树的树叶部位，如图 4-21 所示。

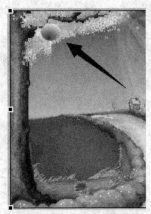

图 4-21　制作"桃子"元件，并加入到场景中

(4) 选择菜单"窗体""动画预设"，打开"默认预设"，选择"3D 弹入"选项，并调整其运行轨迹，如图 4-22 所示。

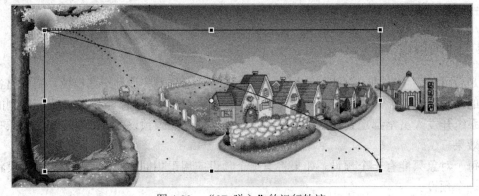

图 4-22　"3D 弹入"的运行轨迹

(5) 按 Ctrl + Enter 组合键进行测试，读者会看到画面中"桃子"从左侧的树上落下，按照预设的轨迹进行弹跳的动画，如图 4-23 所示。

图 4-23　"桃子"弹跳的过程动画

动画设计完毕。

4.3.5　补间形状动画

补间形状动画的制作过程实际上就是在形状补间动画的起始帧和结束帧分别插入不同的对象，Flash 将自动内插中间的过渡帧，创建一个形状变形为另一个形状的动画。形状动画只对形状起作用，可以实现位置变换、大小变换、透明度变化、颜色转换、形状变形等。

下面以球体到五角星的变换动画为例来说明补间形状动画的制作。

(1) 在 Flash 中新建一个空文档，导入背景图片 background.png 到舞台，在第 50 帧位置插入帧，控制动画的长度，如图 4-24 所示。

图 4-24　新建一个空文档，导入背景

(2) 在场景中制作"圆形"和"五角星"的两个图形元件。

(3) 在场景中新建图层 2，拖入"圆形"元件，并在第 10 帧右键添加一个关键帧，如图 4-25 所示。调整其元件位置，并在元件上右键选择"分离"，将其分离成图形。

图 4-25　制作"圆形"元件，并拖入到场景中

(4) 在 25 帧位置插入一个空白关键帧，拖入"五角星"元件，如图 4-26 所示。调整其元件位置，并在元件上右键选择"分离"，将其分离成图形。

图 4-26　制作"五角星"元件，并拖入到场景中

(5) 在第 10 帧位置右键设置"创建补间形状"，按 Ctrl + Enter 组合键进行测试，可以看到由"球体"逐渐过渡转换到"五角星"的动画。图 4-27 所示是转换过程中的一个画面。

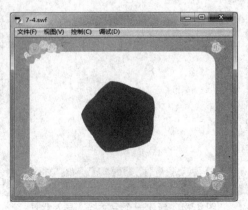

图 4-27　演示效果

动画设计完毕。

4.3.6 文本动画

除了图片动画外，文字动画也是非常重要的一类动画。文字动画的类型很多，实际上也是在基本操作基础上完成的。

在 Flash 中，可以通过"属性""面板""字符"选项下的各项参数控制文本的外形，包括设置文本的字体、字形、字号和颜色等信息。在设置文本的颜色时，只能使用纯色，不能使用渐变颜色。如果想对文本使用渐变颜色，则应该先分离文本，将文本转换为组成线条和填充，再分别对线条和填充进行渐变颜色设置。

创建实例后，如果修改了实例的外观，并且不希望实例再随着元件的修改而改变，则可以对实例执行分离命令。

下面是文字动画制作过程的示例讲解。

(1) 在 Flash 中新建一个空文档，导入背景图片 background.png 到舞台，在第 200 帧位置插入帧，控制动画的长度，如图 4-28 所示。

图 4-28 新建一个空文档，导入背景

(2) 制作"字体"的图形元件。选择文本工具，在属性中设置字体的各种属性，单击场景输入文字后，选中字体，再选择"修改""分离"命令两次，将文字分离成图形。放大文字，为文字添加矩形的立体效果，如图 4-29 所示。

图 4-29 制作"字体"元件，并拖入到场景中

(3) 在场景中新建图层 2，拖入"字体"元件，在时间轴的第 10、15、33、43、55 和第 100 帧的每个帧编号上右键各增加一个关键帧，并从小的帧编号开始到大的帧编号逐渐

将"字体"元件大小调小一些,给人以由近及远的感觉,同时在每个帧编号上右键选择"创建补间形状"。

  (4) 按 Ctrl + Enter 组合键进行测试,可以看到动画输入的字体由近及远地运动,分别如图 4-30、图 4-31 所示。

图 4-30 演示效果的开始处

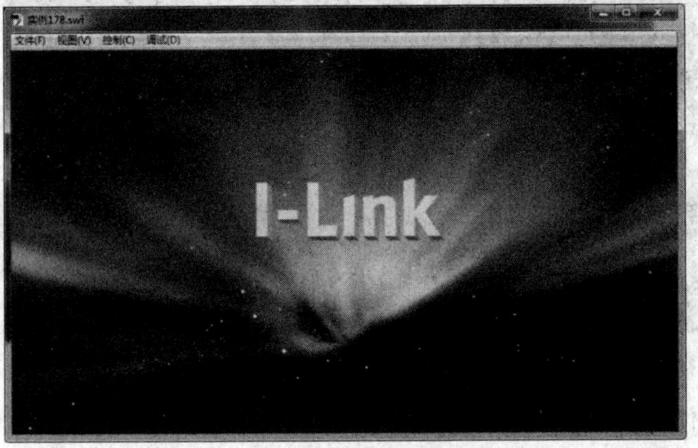

图 4-31 演示效果的结束处

动画设计完毕。

4.3.7 遮罩动画

  遮罩动画是一种经常使用的动画形式,无论是在图片动画,还是文字动画中都经常会使用遮罩。遮罩动画由两部分组成,即遮罩层和被遮罩层。遮罩层在动画中保留其层上形状,被遮罩层则保留动画原貌,只是动画范围被限定在遮罩层。遮罩层就像一个窗口,透过它可以看到位于它下面的链接层区域。除了透过遮罩项目显示的内容之外,其余的所有内容都被遮罩层的其余部分隐藏起来了。一个遮罩层只能包含一个遮罩项目,遮罩层不能在按钮内部,也不能将一个遮罩层应用于另外一个遮罩。

  在制作遮罩层动画时,可以使用图形,也可以使用元件,使用影片剪辑元件作为遮罩层会使动画效果更丰富。无论是补间形状,还是补间动画,都可以作为补间动画的组成部分。一个好的遮罩动画,其创意重于制作。

　　在 Flash 中使用"铅笔动画"创建的图形不能作为遮罩层。如果想将它作为遮罩层，则必须要通过"修改""形状""线条转换为填充"命令，将笔触转换成为填充图形才可以。

　　下面是遮罩动画制作过程的示例讲解。

　　(1) 在 Flash 中新建一个空文档，导入背景图片 background1.png 到舞台，在第 55 帧位置插入帧，控制动画的长度，如图 4-32 所示。

图 4-32　新建一个空文档，导入背景图片

　　(2) 在场景中新建图层 2，导入第二张背景图片 background2.png 到舞台，如图 4-33 所示。

图 4-33　导入第二张背景图片到场景中

　　(3) 在场景中新建图层 3，画一个小的五角星，放置在图形正中央，作为遮罩层使用。

　　(4) 在场景时间轴的第 30 帧位置，右键添加一个关键帧。放大五角星图形，使其遮挡住所有的图形画面。

　　(5) 在场景时间轴的第 1 帧位置，右键选中"创建补间动画"。

　　(6) 右键选择"图层 3"，选择"遮罩层"，将其作为图层 2 的遮罩层。

　　(7) 按 Ctrl＋Enter 组合键进行测试，可以看到动画由一个画面转入另外一个画面，转换的过程是由五角星遮罩的，如图 4-34 所示。

图 4-34　演示效果的结束处

动画设计完毕。

4.3.8　声音动画

Flash 支持导入的声音格式有 WAV、AIFF、MP3 等。如果系统安装了 Quick Time，则还可以导入 Sound Designer 格式的声音和视频。

有时为了更好地控制声音，需要进行 ActionScript 脚本编程。首先，需要使用 Sound 类创建 Sound 对象，以便随时控制从库中向动画添加声音。其次，要为影片剪辑元件命名实例名称，通过 ActionScript 脚本可以更好地控制 Flash 动画的播放，实现良好的人机交互。最后，要为声音文件设置变量名称，这样就可以在 Flash 动画中通过使用 ActionScript 脚本很容易地对声音进行控制，如使用 Play()、Stop()和 setWindow()控制声音的播放、停止和音量。

下面介绍在动画中加入声音的制作过程。

(1) 在 Flash 中新建一个空文档，导入背景图片 background.png 到舞台，如图 4-35 所示。

图 4-35　新建一个空文档，导入背景图片

(2) 插入新建按钮元件"播放音乐""停止音乐"和几个音符图形元件，并在场景中新建图层 2、图层 3、图层 4，将其分别拖入到场景中，如图 4-36 所示。

图 4-36　拖入几个元件到场景中

(3) 选择"文件""导入""导入到库"命令，导入外部的 music.mp3 文件。在库中选择该文件名，右键选择"属性"，单击"ActionScript"选项，选择"为 ActionScript 导出"和"在第 1 帧中导出"，输入一个标识符名称，单击"确定"，如图 4-37 所示。

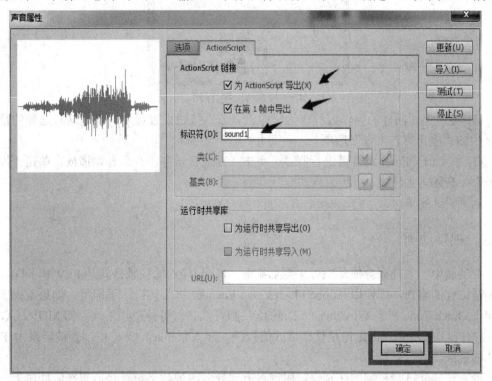

图 4-37　设置音乐文件的属性

(4) 在场景中选择"播放音乐"按钮，选择"窗体""行为"菜单，在弹出的界面中单击左上角的"+"按钮，选择"声音""从库加载声音"，如图 4-38 所示。

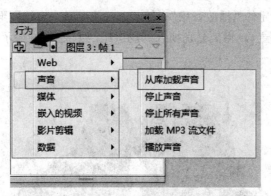

图 4-38　从库加载声音

(5) 在弹出的界面中输入声音的链接 ID，也就是图 4-37 中输入的名称。还可以再输入一个实例名称，输入完成后，单击"确定"，如图 4-39 所示。

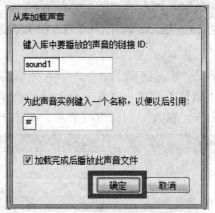

图 4-39　指定声音的链接 ID 和实例名称

(6) 按照上述同样的操作过程，为"停止音乐"按钮设置行为，不过这时选择的是图 4-38 中的"停止所有声音"选项。

(7) 按 Ctrl + Enter 组合键进行测试，单击"播放音乐"，音乐开始播放，单击"停止音乐"，音乐马上停止。

动画设计完毕。

4.3.9　视频动画

在动画中加入视频会使动画效果更加绚丽。Flash 导入的视频格式是 FLV 和 F4V，如果不是这样的格式，则使用 Adobe Flash Video Encoder 将其转换一下即可。如果系统安装了用于 Quick Time 或者 Windows 的 DirectX，则可以导入多种视频格式，如 MOV、AVI、MPG/MPEG 等格式。但无论是什么格式的视频，导入到 Flash CS6 中都会被转换为 FLV 格式的视频。

嵌入视频和链接视频的区别是，用嵌入方式导入的视频将被直接放置在时间轴上，与导入的其他文件一样，嵌入视频将成为动画的一部分。嵌入视频的文件不宜太大，否则等待的时间过长，在下载过程中会占用过多的系统资源。较大的视频文件通常还会存在视频和音频之间不同步的问题。以链接方式导入的视频文件则不是 Flash 的一部分，而是保存了一个指向视频的链接。以链接方式导入的视频文件，其扩展名必须是 FLV，在使用 Flash 视频教程流服务时，其扩展名必须是 XML。

为了保证 Flash 动画播放的准确性，最好将帧率设置为 24 帧/秒或者以上。

下面介绍在动画中加入视频的制作过程。

(1) 在 Flash 中新建一个空文档，导入背景图片 background.png 到舞台。新建图层 2，将图片 tvSet.png 也导入场景中，如图 4-40 所示。

图 4-40　新建一个空文档，导入背景图片

(2) 在场景中新建第 3 层，选择"文件""导入""导入视频"命令，单击"浏览"，选择要导入的外部视频文件，单击"下一步"，如图 4-41 所示。

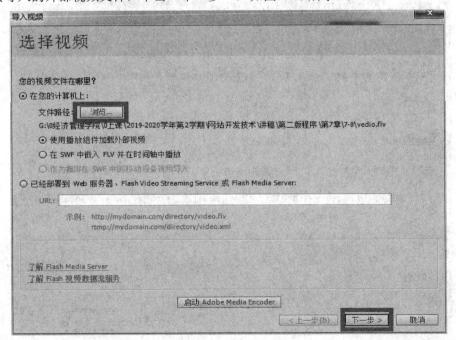

图 4-41　导入视频

(3) 给视频播放选择一个外观，单击"下一步"，如图 4-42 所示。

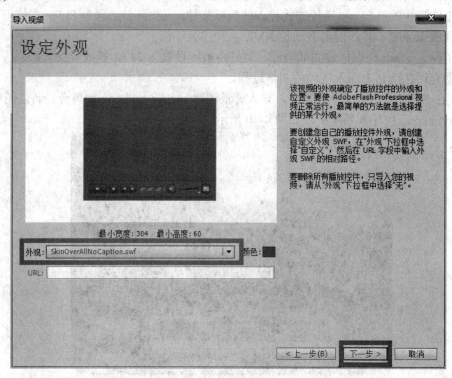

图 4-42　选择播放的外观

(4) 单击"完成"，如图 4-43 所示。

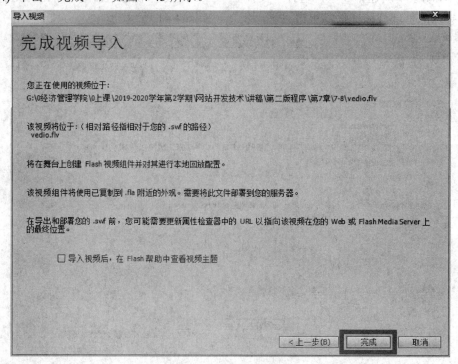

图 4-43　完成视频的加载

（5）暂时将第 3 层隐藏，在场景中新建第 4 层并绘制一个矩形，选择"任意变形工具"将其调整到电视屏幕大小。之后，将第 4 层设置为第 3 层的遮罩层，如图 4-44 所示。

图 4-44　设置遮罩层

（6）按 Ctrl + Enter 组合键进行测试，可以看到视频在动画中播放的效果，如图 4-45 所示。

图 4-45　视频动画效果

动画设计完毕。

本节只讲解了 Flash 的主要功能，有关 Flash 的其他更深入的内容，如 ActionScript 编程，还希望读者寻找专门的书籍来学习。根据作者的学习体会，只要静下心来，认真学习一个月，就能掌握 Flash 的基本操作和制作过程。但是，要将 Flash 运用到得心应手的程度还需要长期不断地经验积累。

4.4 Windows 中的 ODBC

4.4.1 ODBC 的概念

开放数据库互联(Open Database Connectivity，ODBC)是微软公司开放式服务结构(Windows Open Services Architecture，WOSA)中有关数据库的一个组成部分，它建立了一组规范，提供了一组对数据库访问的标准 API(应用程序编程接口)。这些 API 利用 SQL 来完成其大部分任务。ODBC 本身也提供了对 SQL 语言的支持，用户可以直接将 SQL 语句送给 ODBC。简单来说，ODBC 就相当于应用程序与数据库驱动之间的一个通用接口。

在计算机系统进入开放时代之时，我们应体会到标准的建立与系统的发展是同样的重要。而信息系统架构在数据库中的必要性也随着信息化社会的蓬勃发展而更显重要。因此在 ODBC 标准日益成熟的同时，我们也可以感受到数据库系统在开放架构下，更需扮演强而有力的角色。ODBC 操作数据库时，必须要有 ODBC 数据源(Data Source Name，DNS)。数据源是数据库管理系统(Database Management System，DBMS)或是数据库操作系统的一个组合。举例来说，应用系统可以同时与一个或其中多个数据源连接。由于应用系统程序通过标准 API 来连接数据源，因此开发过程中不需指定特定的数据库系统。

4.4.2 ODBC 的配置

要使用 ODBC 操作数据库，首先需要建立一个数据库。这里以 SQL Server 2008 为例进行说明。如图 4-46 所示，打开 SQL Server 2008 数据库系统。

图 4-46 打开 SQL Server 2008 数据库系统

在 SQL Server 2008 数据库系统中新建数据库 MyTest，并在该数据库中建立表 MyTable，字段如图 4-47 所示。为方便测试，可以在数据库中提前输入一些数据。

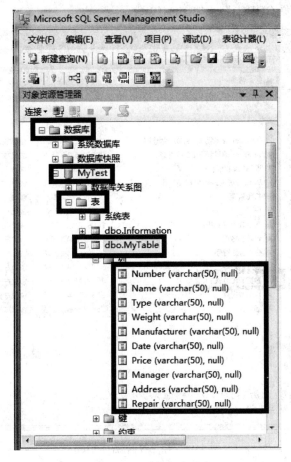

图 4-47　新建数据库和表

接下来为上面新建的数据库添加数据源。Windows 操作系统中建立数据源的操作过程如下：

(1) 打开控制面板，选择"管理工具"，如图 4-48 所示。

图 4-48　打开控制面板中的管理工具

(2) 单击"数据源(ODBC)",如图 4-49 所示。

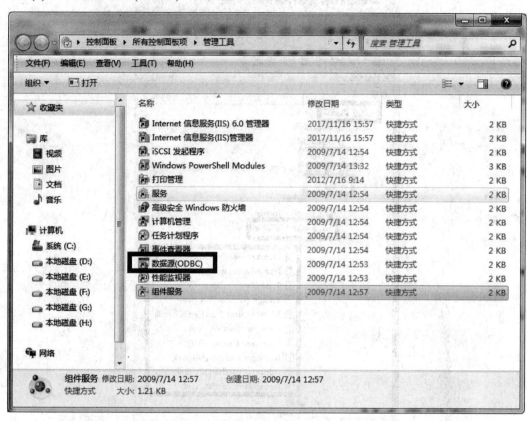

图 4-49　打开数据源(ODBC)

(3) 单击"添加",如图 4-50 所示。

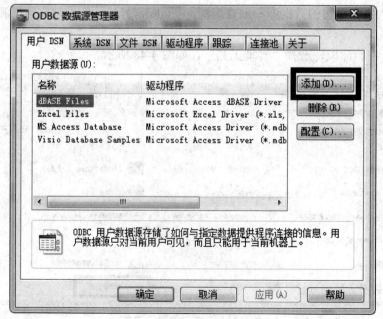

图 4-50　添加 ODBC 数据源

(4) 选择"SQL Server"后，单击"完成"，如图 4-51 所示。

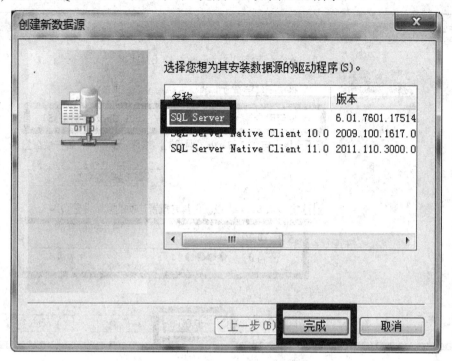

图 4-51　添加 SQL Server 数据源

(5) 给自己的 ODBC 取一个名称，再选择需要连接的数据库的位置，单击"下一步"，如图 4-52 所示。

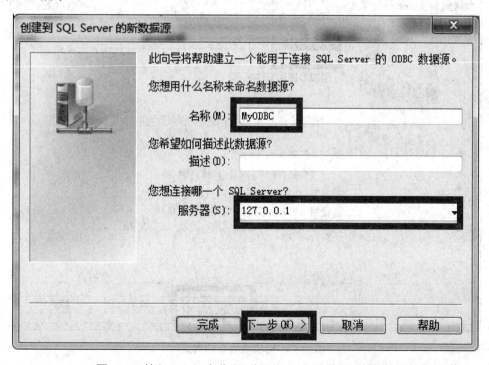

图 4-52　输入 ODBC 名称和添加 SQL Server 数据源的地址

(6) 输入需要连接数据库的用户名和密码，单击"下一步"，如图 4-53 所示。

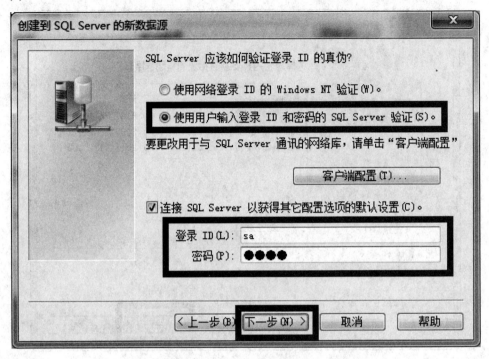

图 4-53　输入 SQL Server 数据库用户名和密码

(7) 选择要连接的数据库，单击"下一步"，如图 4-54 所示。

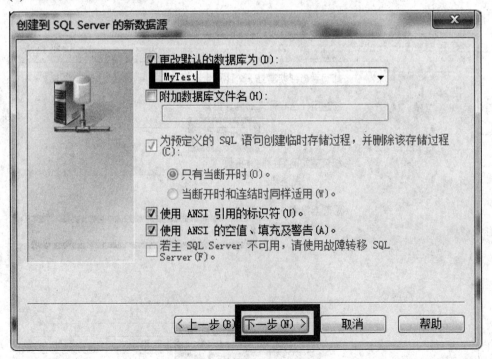

图 4-54　选择要连接的数据库

(8) 选择系统消息的语言等信息，单击"完成"，如图 4-55 所示。

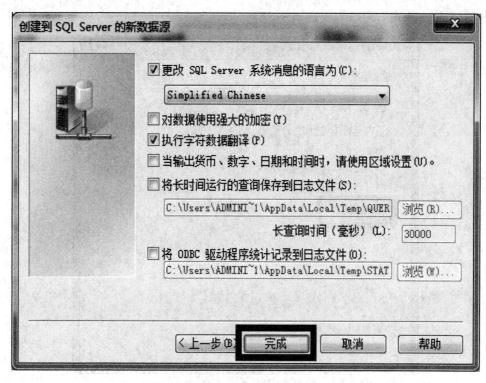

图 4-55　选择系统消息的语言等信息

(9) 执行完上述操作后，出现如图 4-56 所示的界面。

图 4-56　配置完成界面

(10) 可以单击"测试数据源"，检查数据库配置是否正确，如果出现如图 4-57 所示界面，则双击"确定"完成配置。

图 4-57 "测试数据源"检查配置是否正确

(11) 可以在数据源中看到刚才配置的 ODBC，如图 4-58 所示。这时，就表示配置正确。

数据源建立完毕。

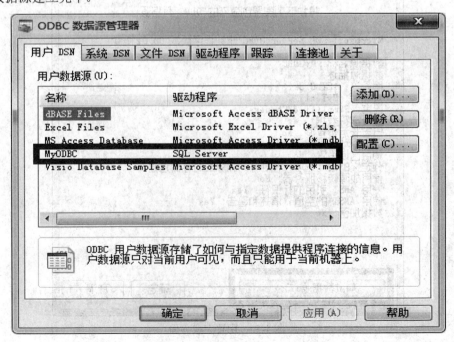

图 4-58 增加的 ODBC 数据源

思 考 和 练 习

1. HTML 是什么意思？
2. WWW 是什么意思？
3. URL 是什么意思？
4. HTTP 是什么意思？
5. FTP 是什么意思？
6. 熟练掌握 HTML 中标题、段落、列表、表格、表单、超链接等标记方法。
7. 熟练掌握 HTML 中图形、Flash 动画、声音、视频等各种嵌入对象标记方法。
8. CSS 是什么意思？如何在 HTML 文档中添加 CSS 标记？
9. 在 HTML 文档中加入 JavaScript，完成一个主页幻灯片的制作。
10. 掌握 Flash 绘图中的基本工具和属性的设置。设计绘制一幅静态的风景图片。
11. 设计一个气球在画面中移动的 Flash 动画，并描述其步骤。
12. 补间动画的概念是什么？设计一个动物在画面中奔跑的 Flash 动画，并描述其步骤。
13. 什么是动画预设？设计一个飞机从画面一边进入，另一边飞出的 Flash 预设动画，并描述其步骤。
14. 熟悉补间形状动画的操作步骤。设计一个 Flash 补间形状动画，并描述其步骤。
15. 什么是文本动画？设计一个片头文本动画，并描述其步骤。
16. 什么是遮罩动画？设计一个 Flash 遮罩动画，并描述其步骤。
17. 试在 Flash 中设计绘制一幅静态的风景图片，加入声音，并描述其步骤。
18. 试在 Flash 中设计绘制一幅静态的风景图片，加入一个电视机的屏幕，为其增加视频播放，并描述其步骤。
19. ODBC 的概念是什么？试用操作界面描述 Windows 中 ODBC 的配置过程。

第 5 章　网站开发语言

PHP(Hypertext Preprocessor，超文本预处理器)从 1995 年推出以来，经过二十多年的发展，已成为全球最受欢迎的脚本语言之一。PHP 是一种面向对象、完全跨平台的新型 Web 开发语言，其结构简单，容易学习，许多机构都相继推出了基于 PHP 的 IDE 工具。

PHP 是一种服务器端、跨平台、HTML 嵌入式的脚本语言，它的语法混合了 C 语言、Java 语言和 Perl 语言的特点，是一种被广泛应用的开源式的多用途脚本语言，尤其适合于 Web 开发。

PHP 是 B/S(Browser/Server，浏览器/服务器)结构，属于三层体系框架。具体如下：

(1) 表示层(User Interface，UI)：负责使用者与整个系统的交互。

(2) 业务逻辑层(Business Logic Layer，BLL)：整个系统的核心，与这个系统的业务有关。

(3) 数据访问层(Data Access Layer，DAL)：也称为持久层，其功能主要是负责数据库的访问。简单的说法就是实现对数据表的 Select、Insert、Update 和 Delete 操作。

三层体系框架保证服务启动之后，用户可以不用客户端软件，只使用浏览器即可访问后台。这样的结构既保留了图形化的用户界面，又大大减少了应用的维护量。

PHP 的优势体现在安全性高、跨平台、支持广泛的数据库、容易学习、执行速度高、模块化、支持面向对象和过程、内嵌 End 加速引擎、免费等方面。

PHP 应用在中小型网站的开发、大型网站的业务逻辑结果展示、Web 办公管理系统、硬件管理软件的 GUI、电子商务应用、Web 应用系统开发、多媒体系统开发、企业级应用开发等领域。

下面介绍 PHP 的简单语法，以便进行后续章节的学习。

5.1　PHP 标记风格和注释

PHP 和 ASP.NET 等 Web 语言一样，是内嵌在 HTML 语言中来使用的，这就需要用一定的标记将其包含起来。PHP 通常采用的标记方式和注释分别介绍如下。

1. XML 风格标记

XML 风格标记方式最为常见，也是许多书籍和程序推荐使用的标记形式之一。下面程序中的粗体部分就是 PHP 的标记。

```
<?php
    //phpinfo(); 单行注释
```

```
/*这里是多行注释,
希望大家注意。
*/
echo '学习 PHP 要耐心，要努力！';　# 这里是第三种注释
?>
```

2. 脚本风格标记

脚本风格标记示例如下：

```
<script language='php'>
    echo '这里是 php 的脚本风格标记！';
</script>
```

3. 简短风格标记

简短风格标记示例如下：

```
<?php　echo '这里是 php 的简短风格标记！';?>
```

4. ASP 风格标记

实际上 ASP.NET 也用的是 ASP 风格标记这种形式。示例如下：

```
<%>
    echo '这里是 php 的 ASP 风格标记！';
<%>
```

如果要使用除了第一种标记方式外的后三种标记方式，则需要进行特别设置。具体设置过程可以参考相关书籍。一般选用第一种标记方式，这是最常见的标记方式。

5. PHP 注释

PHP 的注释与 C 语言、C++、Java 的注释一样。"//" 用于单行注释，"/*……*/" 用于多行注释。"#" 也可以用于单行注释。

5.2　数据类型

5.2.1　标量数据类型

PHP 的标量数据类型有 boolean (布尔型，true/false)、string (字符串型)、integer(整型)和 float(浮点型)。PHP 的所有变量都是以 "$" 开始的，这点与其他编程语言不同，读者一定要注意。下面是布尔型数据类型和字符串数据类型的程序示例。

```
<?php
    $b=true;
    if($b ==true)
        echo '$b 的值是真的';
    else
        echo '$b 的值是假的';
```

```
echo "<p>";              //输出段标记
$i='我们是毕业班';
echo "$i";               //用双引号输出变量的值，这点与其他语言不同
echo "<p>";              //输出段标记
echo '$i';               //用单引号输出引号内的内容，这点与其他语言不同
echo "<p>";              //输出段标记
?>
```

上面程序执行的结果如图 5-1 所示。

图 5-1　程序执行结果示例

　　整数类型数据在 32 位操作系统中的有效数值范围是-2 147 483 648～ + 2 147 483 647。整数可以用十进制、八进制和十六进制表示。如果用八进制表示，则数字前面必须加 0。如果用十六进制表示，则数字前面必须加 0x。下面是整型数据类型的程序示例。

```
<?php
$str1=456789;              //十进制
$str2=0456789;             //八进制
$str3=0x456789;            //十六进制
echo '数字 456789 的不同进制的输出结果是：<p>';
echo '十进制的输出结果是：'.$str1.'<br>';
echo '八进制的输出结果是：'.$str2.'<br>';
echo '十六进制的输出结果是：'.$str3.'<br>';
?>
```

上面程序执行的结果如图 5-2 所示。

图 5-2　程序执行结果示例

5.2.2　转义字符

从上面的几个 PHP 程序示例中可以看出，双引号中输出的都是变量的值，而单引号中输出的都是字符串"$i"，这与其他语言系统的程序是不一样的，比较难理解。但是，系统就是这么规定的，必须记住。PHP 中双引号和单引号的另外一个不同点是对转义字符的使用。使用单引号时，只要对单引号" ' "进行转义即可。但是使用双引号(")时，还要注意" " ""$"等字符的使用。这些特殊字符都要通过转义字符"\"来显示。PHP 的转义字符如下：

\n：换行(注意：有些浏览器不支持)。

\r：回车(注意：有些浏览器不支持)。

\t：水平制表符。

\\：反斜杠。

\$：美元符号。

\'：单引号。

\"：双引号。

\[0-7]{1,3}：八进制数，如\452。

\x[0-9A-Fa-f]{1,2}：十六进制数，如\x9a。

示例如下：

```php
<?php
    $str1=456789;
    echo "数字\$str1 的输出结果是："."."<br>";        //第一个$通过\$转义。不转义出错
    echo '\'$str1\'的输出结果是：'.$str1.'<br>';        //$str1 前后的单引号通过\'转义
    echo "'\$str1'的输出结果是：$str1<br>";           //第一个$通过\$转义
    echo "$str1,输出结果是：$str1<br>";              //第一个$不转义，其后的逗号不能省略
?>
```

上面程序执行的结果如图 5-3 所示。

图 5-3　程序执行结果示例

5.2.3 复合数据类型

PHP 的数组(array)类型定义如下：

```
$array()=('value1',' value12',...);
$array[key] ='value1';
$array[key] =array(key1=>'value1', key2=>'value2',...);
```

例如：

```php
<?php
    $arr1= array('Those ',' are ', 'the ',' students.',);
    $arr2= array(0=>'There ',1=>'will be ', 2=>'a ',3=>' car.',);
    $arr3[0]= 'three maps';
    echo "$arr1[0]";
    echo "$arr2[1]";
    echo "$arr3[0]";
?>
```

上面程序执行的结果如图 5-4 所示。

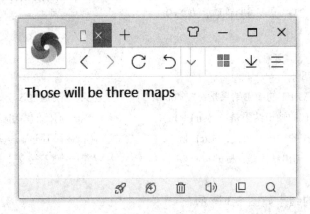

图 5-4　程序执行结果示例

PHP 中还有几种复合数据类型，具体如下：

(1) 空值(null)：表示没有为该变量赋任何值。null 不区分大小写，即 null 和 NULL 表达的效果是相同的。

(2) 对象(Object)复合数据类型，主要涉及面向对象的编程，这里不再介绍。

(3) 资源类型(resource)。

以上几种数据类型读者可以参考相关 PHP 专业书籍进行学习。

PHP 与 C 语言一样，可以进行数据类型强制转换，其方法是在变量前将类型名加上小括号。例如：

```php
<?php
    $str1='3.1415926 是圆周率';
    echo '$str1 的原始结果是：'.$str1.'<br>';                     //输出 str1 的原始值
```

```
echo '使用(Integer)强制类型转换变量$str1 的结果是：';        //integer 类型转换
echo (integer)$str1.'<br>';                                   //integer 类型转换
echo '使用 settype 函数强制类型转换变量$str1 的结果是:';        //使用 settype 函数转换
echo settype($str1,'integer').'<br>';
echo 'settype 转换后$str1 的结果是：'.$str1.'<br>';             //输出 str1 的原始值
?>
```

上面程序执行的结果如图 5-5 所示。

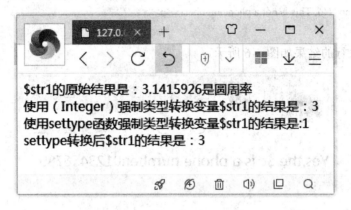

图 5-5　程序执行结果示例

需要说明的是，转换为 boolean 类型时，null、0 和未赋值的变量或者数组被转换为 false，其他的值被转换为 true。转换成整型时，布尔型的 false 转换为 0，true 转换为 1，浮点型的小数部分被舍去，字符型如果是以数字开头就截取到非数字位，否则输出 0。

使用 settype 函数转换的形式是：

　　bool settype(mixed var,string type);

settype 函数的功能就是将变量 var 转换为 type 类型定义的数据类型，转换成功返回 true，转换失败返回 false。type 参数可以是 boolean、float、integer、array、null、object 和 string 中的任意一种，并且必须放在单引号中。

5.2.4　检测数据类型

PHP 内置了检测数据类型的系列函数，用于对数据类型进行检测，判断变量是否是某种数据类型，判断的结果如果符合，则返回 true，否则返回 false。PHP 中检测数据类型的函数如下：

is_bool：判断是否为布尔类型。

is_string：判断是否为字符串类型。

is_float/ is_double：判断是否为浮点类型。

is_integer/ is_int：判断是否为整型。

is_null：判断是否为空。

is_array：判断是否为数组类型。

is_object：判断是否为对象类型。

is_numeric：判断是否为数字或者由数字组成的字符串。

例如：

```
<?php
    $c="0123456789";
    if(is_numeric($c))
        echo "Yes,the \$c is a phone number:$c <p>";
    else
        echo "No, This is not a phone number:  <p>";
?>
```

上面程序执行的结果如图 5-6 所示。

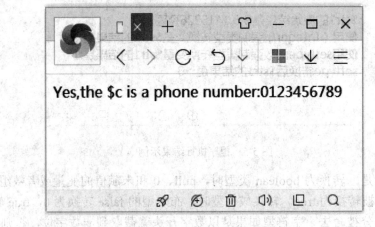

图 5-6　程序执行结果示例

5.3　PHP 常　量

5.3.1　声明常量

常量就是指不发生变化的量。常量标识符由数字、英文字母或者下划线组成，但是不能以数字开始。定义常量的语法格式是：

```
define(string constant_name, mixed value,case_sensitive=true)
```

constant_name：必选参数，常量名称，即标识符。

value：必选参数，变量值。

case_sensitive：可选参数，指定常量名称是否对大小写敏感，true 表示对大小写不敏感。

例如：

```
<?php
    define("PI","3.1415926",true);
    echo PI."<br>";
    echo pi."<br>";
```

```
define("COUNT","这是第二个常量",true);
echo COUNT."<br>";
echo count."<br>";
$name="count";
echo constant($name)."<br>";
echo (defined("PI"))."<br>";
?>
```

上面程序执行的结果如图 5-7 所示。

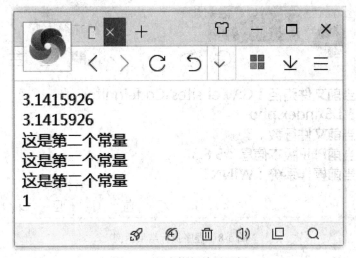

图 5-7　程序执行结果示例

5.3.2　预定义常量

PHP 中预先定义了许多常量，用户可以通过这些常量获取 PHP 的信息。常用的预定义常量如下：

＿＿FILE＿＿：默认常量，PHP 程序文件名。

＿＿LINE＿＿：默认常量，PHP 程序行数。

注意，上面常量标识中是双下划线。

PHP_VERSION：内建常量，PHP 程序的版本。

PHP_OS：内建常量，执行 PHP 解释器的操作系统名称。

TRUE：真值 true。

FALSE：假值 false。

NULL：空值。

E _ERROR：该常量指到最近的错误处。

E _WARNING：该常量指到最近的警告处。

E _PARSE：该常量指到解析语法有潜在问题处。

E _NOTICE：该常量为发生不寻常的提示，但不一定是错误处。

注意，上面常量标识中是单下划线。

例如：

```
<?php
    echo "当前文件路径: "._ _FILE_ _."<br>";
    echo "当前文件行数: "._ _LINE_ _."<br>";
    echo "当前 PHP 版本信息: ".PHP_VERSION."<br>";
    echo "当前操作系统: ".PHP_OS."<br>";
?>
```

上面程序执行的结果如图 5-8 所示。

图 5-8　程序执行结果示例

5.4　PHP 变　量

5.4.1　声明变量

变量是指在程序运行过程中可以变化的量，通过定义一个标识符来对其进行命名。系统会自动为每个定义的变量分配一个存储单元，变量名(标识符)实质上是计算机内存单元的命名，因此借助变量名就可以访问计算机内存中的数据。PHP 中的变量不需要预先定义，直接为其赋值即可。PHP 的变量是以"$"开始，后跟标识符(数字、字母、下划线，不能以数字开始)组成的，变量名称对大小写是敏感的，就是说变量名是区分大小写的。与一般语言一样，PHP 也使用"="来实现赋值。

例如：

```
<?php
    $i="spring";
    $j=& $i;                //引用赋值
    echo $j;
    echo '<br>';
    $i="Hello, $i";
```

```
        echo $j;
        echo '<br>';
        echo $i;
        echo '<br>';
        $j="abc99";
        echo $i;
        echo '<br>';
        echo $j;
    ?>
```

上面程序执行的结果如图 5-9 所示。

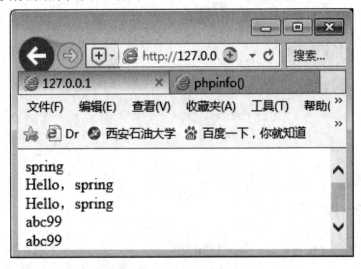

图 5-9　程序执行结果示例

5.4.2　变量作用域

变量有自己的有效范围，即变量的作用域。如果变量超出了其作用域，则变量就失去了意义。变量的作用域有以下三种：

全局变量：定义在函数外，作用域是整个 PHP 文件。

局部变量：定义在函数内，作用域是所在函数。

静态变量：函数调用结束后仍然能保留变量值，当再次回到其作用域时，仍然可以使用原来的值。

例如：

```
<?php
    $i="12345";
    function exp1()
    {
        $i="89";
```

```
        echo "函数内部输出：$i.<br>";
    }
    exp1();
    echo "函数外部输出：$i.<br>"
?>
```

上面程序执行的结果如图 5-10 所示。

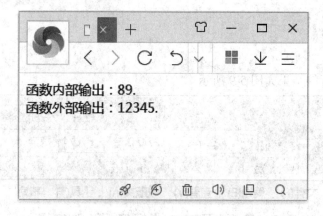

图 5-10　程序执行结果示例

例如：

```
<?php
function exp1()
{
    static $m=0;            //初始化静态变量
    $m+=1;
    echo $m.",";
}
function exp2()
{
    $m=0;                  //声明函数内部局部变量
    $m+=1;
    echo $m.",";
}
for($i=0; $i<10; $i++)
    exp1();
echo "<br>";
for($i=0; $i<10; $i++)
    exp2();
echo "<br>";
?>
```

上面程序执行的结果如图 5-11 所示。

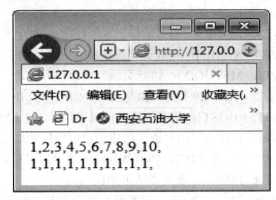

图 5-11　程序执行结果示例

5.4.3　可变变量

可变变量是一种独特变量，它允许动态改变一个变量的名称。其原理是该变量的名称由另外一个变量的值来确定，实现过程就是在变量的前面再多加一个"$"符号。示例如下：

```php
<?php
    $m="Spring";    //声明函数内部局部变量
    $Spring="Autumn";
    echo $m;
    echo "<br>";
    echo $$m;
?>
```

上面程序执行的结果如图 5-12 所示。

图 5-12　程序执行结果示例

5.4.4　PHP 预定义变量

PHP 系统中提供了许多非常实用的预定义变量，这些变量保存有用户会话、操作系统

等环境的信息。

常用的预定义变量如下：

$_SERVER[' SERVER _ADDR']：当前运行脚本所在服务器的 IP 地址。

$_SERVER[' SERVER _NAME']：当前运行脚本所在服务器的主机名称。

$_SERVER[' SERVER _METHOD']：访问页面时的请求方法。

$_SERVER[' REMOTE _ADDR']：正在浏览当前页面用户的 IP 地址。

$_SERVER[' REMOTE _HOST]：正在浏览当前页面用户的主机名。

$_SERVER[' SERVER _PORT]：用户连接到服务器所使用的端口。

$_SERVER[' SCRIPT_FILENAME']：当前执行脚本的绝对路径名。

$_SERVER[' SERVER _PORT']：服务器所使用的端口。

$_SERVER[' SERVER _SIGNATUR']：服务器版本和虚拟主机名的字符串。

$_SERVER[' DOCUMENT_ROOT']：当前运行脚本所在的文档根目录。

$_COOKIE：通过 HTTP Cookie 传递到脚本的信息。

$_SESSION：与所有会话变量有关的信息。

$_POST：通过 POST 方法传递的参数的相关信息。

$_GET：通过 GET4 方法传递的参数的相关信息。

$GLOBALS：由所有已定义的全局变量所组成的数组。

例如：

```php
<?php
    echo $_SERVER['SERVER_ADDR'];
    echo "<br>";
    echo $_SERVER['SERVER_NAME'];
    echo "<br>";
    echo $_SERVER['SCRIPT_FILENAME']
?>
```

上面程序执行的结果如图 5-13 所示。

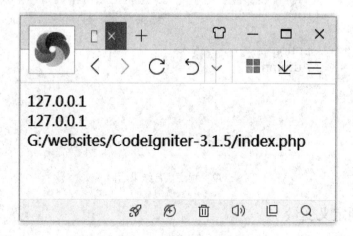

图 5-13　程序执行结果示例

5.5 PHP 运算符

运算符是用来对常量、变量和数据进行运算的符号。PHP 的运算符包括算术运算符、字符串运算符、赋值运算符、位运算符、逻辑运算符、比较运算符、递增/递减运算符、错误控制运算符等。

1. 算术运算符

算术运算符是进行算术运算使用的符号。PHP 和 C 语言一样，也使用下列运算符：

+：加法运算符。

−：减法运算符。

*：乘法运算符。

/：除法运算符。

%：取余运算符。

++：递增运算符，如$a++，++$a。

−−：递减运算符，如$a−−,$a−−。

例如：

```php
<?php
    $m=24;
    $n=5;
    $y=6;
    echo "\$m=".$m."<br>";
    echo "\$n=".$n."<br>";
    echo "\$y=".$y."<p>";
    echo "\$m+\$n=".($m+$n)."<br>";
    echo "\$m-\$n=".($m-$n)."<br>";
    echo "\$m*\$n=".($m*$n)."<br>";
    echo "\$m^\$n=".($m/$n)."<br>";
    echo "\$m%\$n=".($m%$n)."<p>";
    echo "\$m++=".$m++."<br>";
    echo "\$m 变化后的值=".$m."<br>";
    echo "\$n++=".$n++."<br>";
    echo "\$n 变化后的值=".$n."<br>";
    echo "++\$y=".++$y."<br>";
    echo "\$y 变化后的值=".$y."<br>";
?>
```

上面程序执行的结果如图 5-14 所示。

图 5-14　程序执行结果示例

2. 字符串运算符

字符串运算符是 PHP 所独有的。字符串运算符只有一个 "." (注意是英语的点)，其作用是将两个字符串连接起来。这一点与其他语言有所不同，一定要记住。

3. 赋值运算符

赋值运算符就是将运算符 "=" 右边的值赋值给左边的变量。PHP 中的赋值运算符经扩展之后有以下几种：

=：赋值。

+=：相加后赋值，如$a+=b 相当于$a=$a+b。

–=：相减后赋值，如$a–=b 相当于$a=$a–b。

*=：相乘后赋值，如$a*=b 相当于$a=$a*b。

/=：相除后赋值，如$a/=b 相当于$a=$a/b。

.=：相连接后赋值，如$a.=b 相当于$a=$a.b。

%=：取余后赋值，如$a%=b 相当于$a=$a%b。

4. 位运算符

位运算符的作用是对二进制位从低到高对齐后进行运算。PHP 中位运算符有以下几种：

&：按位与。

|：按位或。

^：按位异或。

~：按位取反。

<<：向左移位。

>>：向右移位。

例如：

```php
<?php
    $m=24;
    $n=5;
    echo "\$m=".$m."<br>";
    echo "\$n=".$n."<br>";
    echo "\$m 与\$n=".($m&$n)."<br>";        //按位与
    echo "\$m 或\$n=".($m|$n)."<br>";        //按位或
    echo "\$m 异或\$n=".($m^$n)."<br>";       //按位异或
    echo "\$m 取反=".(~$m)."<br>";           //按位取反
?>
```

上面程序执行的结果如图 5-15 所示。

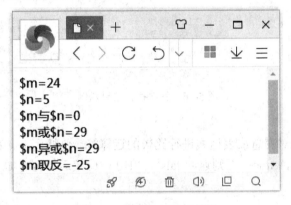

图 5-15　程序执行结果示例

5. 逻辑运算符

逻辑运算符是进行逻辑运算的符号。PHP 中逻辑运算符有如下几种：

&& 或 and：逻辑与。

|| 或 or：逻辑或。

xor：逻辑异或。

!：逻辑非。

例如：

```php
<?php
    $a=true;
    $b=false;
    $c=false;
    if($b and $a==true)
```

```
        echo '真值 1'.'<br>';
    else
        echo '假值 1'.'<br>';
    if($b and ($a | $c)==true)
        echo '真值 2'.'<br>';
    else
        echo '假值 2'.'<br>';
?>
```

上面程序执行的结果如图 5-16 所示。

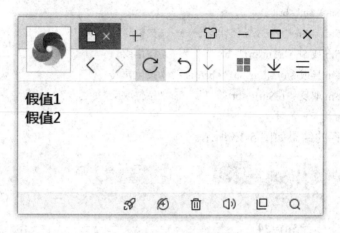

图 5-16　程序执行结果示例

6. 比较运算符

比较运算符是指对变量或表达式进行比较的运算符，包括大小、真假的比较。如果比较的结果为真，则返回 true；否则返回 false。PHP 中比较运算符有如下几种：

<：小于。

>：大于。

<=：小于等于。

>=：大于等于。

==：等于。

!=：不等于。

===：恒等。

!==：非恒等。

例如：

```
<?php
    $a="57";
    echo '$a=='.'\"'.$a.'\"';
    echo '<p>';
    echo '$a==100   ';
```

```
        var_dump($a==100);
        echo '<p>';
        echo '$a==true    ';
        var_dump($a==true);
        echo '<p>';
        echo '$a==false    ';
        var_dump($a==false);
        echo '<p>';
        echo '$a!=null    ';
        var_dump($a!=null);
        echo '<p>';
        echo '$a===100    ';
        var_dump($a===100);
        echo '<p>';
        echo '$a!==10    ';
        var_dump($a!==10);
        echo '<p>';
        echo '$a===10    ';
        var_dump($a===10);
    ?>
```

上面程序执行的结果如图 5-17 所示。

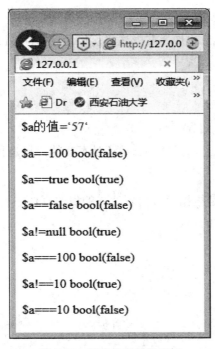

图 5-17　程序执行结果示例

7. 错误控制运算符

错误控制运算符的作用是对程序中出现的错误的表达式进行操作，进而对错误信息进行屏蔽。

例如，除数不能为 0。如果要运行下面程序

```php
<?php
    $a=5/0
?>
```

则程序会出现如图 5-18 所示的提示信息。

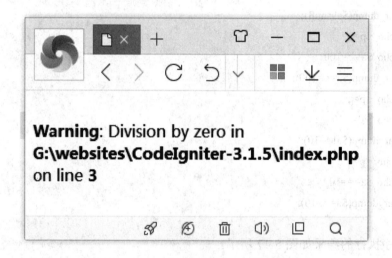

图 5-18　程序执行结果示例

为了防止这样的提示信息出现，在表达式前加@，把程序改为

```php
<?php
    @
    $a=5/0;
?>
```

此时，系统不再提示错误信息。当然，错误还是存在的，只是我们看不到而已。

8. 三元运算符

三元运算符(?:)的作用是根据问号前表达式的值的真假进行运算。若为真，则选取冒号前的值；否则选取冒号后的值。

例如：

```php
<?php
    $a=5;
    echo $a==true?7:8;
?>
```

上面程序执行的结果如图 5-19 所示。

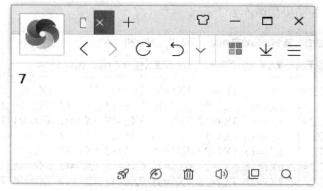

图 5-19　程序执行结果示例

9. PHP 表达式

像"$a=9"这样的语句就称为表达式。表达式是通过具体的代码来实现的，是多个符号组成的代码，这些符号可能是变量名、函数名、运算符、字符串、数值和括号等。前面举的例子中的每个语句都可以称为表达式。

5.6　流程控制语句

PHP 的流程控制语句有条件控制语句和循环控制语句两种。这些语句的用法与 C 语言、Java 语言中的流程控制语句完全一样，本章不再详细介绍。如果读者还处于初学阶段，对程序控制语句一点都不了解，则可以参考相关书籍进行详细学习。PHP 的流程控制语句有：if 语句、if...else 语句、switch...case 语句、while 语句、continue 语句、break 语句、for 语句。

下面通过两个例子来介绍 PHP 流程控制语句的运用。

例 1　乘法口诀表程序。

```php
<?php
    for ($i = 1; $i < 10; $i++)
    {
        for ($j = 1; $j < 10; $j++)
        {
            $sum = $i * $j;
            if ($sum >= 10)
            {
                echo ($i."X".$j."=".$sum."  ");
            } else
                echo($i."X". $j."=".$sum."    ");
        }
        echo "<br>";
    }
?>
```

上面程序执行的结果如图 5-20 所示。

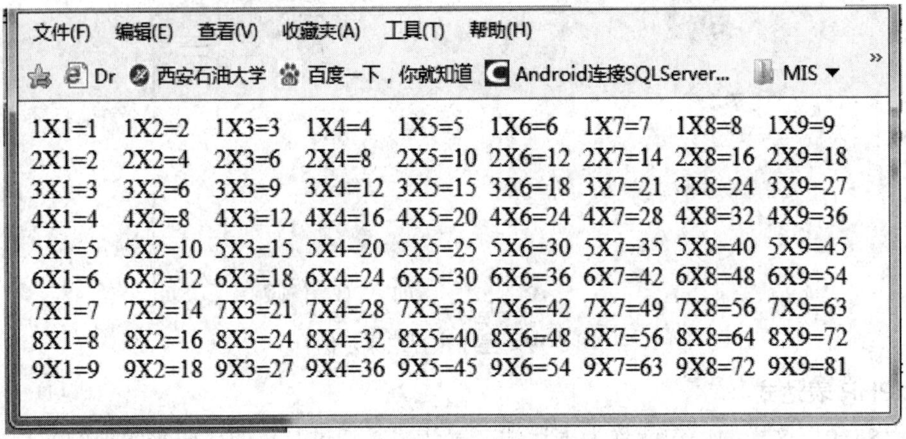

图 5-20　程序执行结果示例

例 2　求 1~100 的素数。

```php
<?php
    $Max = 100;
    $Min = 1;                              //定义两个临界值
    $Num = 2;                              //设置除数的初始值
    $temp;                                 //定义一个中间变量
    $i=0;
    echo "输出 1~100 间的所有素数为：<p>";
    while ($Min <= $Max)                   //当 Min 的值不大于 Max 的值时
    {
        $temp = sqrt($Min);                //保存 Min 的平方根的值
        while ($Num <= $temp)              //当除数的值不大于 temp 的值时
        {
            if ($Min % $Num == 0)          //当 Min 不能被 Num 整除时
            {
                break;                     //跳出循环
            }
            $Num++;                        //递增变量 Num 的值
        }
        if ($Num > $temp)                  //当 Num 的值大于 temp 的值时
        {
            echo "$Min"."";
            $i++;
            if($i%5==0)
            echo "<p>";
        }
```

```
        $Num = 2;                           //重新为变量 Num 赋值
        $Min += 1;                          //使变量 Min 的值累加 1
    }
?>
```

上面程序执行的结果如图 5-21 所示。

图 5-21　程序执行结果示例

下面对 foreach 语句进行单独介绍，因为一般的语言中没有这个语句。foreach 循环语句是从 PHP 4 开始引入的，它的语法格式为：

```
foreach(array_expression as $value)
{
    statement;
}
```

或者

```
foreach(array_expression as $key=>$value)
{
    statement;
}
```

foreach 语句会遍历数组 array_expression。每次循环时，将当前数组中的值赋值给 $value(或者$key 和$value)，同时数组指针向后移动，直到遍历结束。使用 foreach 语句时，数组指针自动被重置，不需要手动设置数组指针。例如：

```
<?php
    $price=array("1"=>"1048 元","2"=>"2056 元","3"=>"3658 元","4"=>"7856");
    foreach($price as $key=>$value)
    {
        echo "输出结果：$price[$key].<br>";
    }
?>
```

上面程序执行的结果如图 5-22 所示。

图 5-22   程序执行结果示例

5.7   函   数

程序中使用函数的好处是避免重复性代码，有利于程序的维护。PHP 创建函数的语法格式是：

```
function function_name($str1,$str2,…$strn)

{

    function body;

}
```

例如：

```php
<?php
function sum($a,$b)

{

    return "$a+$b=".($a+$b)."<br>";

}
echo sum(24,36);
?>
```

上面程序执行的结果如图 5-23 所示。

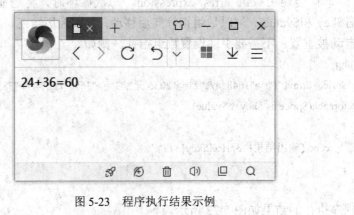

图 5-23   程序执行结果示例

　　关于 PHP 语言本章只做了简单介绍，主要是为了后续章节的学习需要，如果要详细深入地学习，还需要读者参考专门的 PHP 程序设计书籍，本书列出的参考文献中也有相关的书目，可供读者参考。最后，给读者介绍两个 PHP 常用的网络资源：http://www.phpchina.com、http://www.php.cn。

思考和练习

1. 用 PHP 编程实现三角形乘法口诀表。
2. 编程求解 1～1000 的素数之和。
3. 编程求解 $1 + 1/2 + 1/4 + 1/8 + 1/16 + \cdots$ 前 20 项之和。
4. 编程求解 $1 - 1/2! + 1/3! - 1/4! + 1/5! - \cdots$ 前 20 项的运算值。

第 6 章　CodeIgniter

6.1　CodeIgniter 概述

CodeIgniter 是一个应用程序框架，是为 PHP 开发人员提供的一套 Web 应用程序工具包，其目标是能够让开发者更加快速地完成网站项目的设计和开发。它提供了一套丰富的类库来满足日常的任务需求，还提供了一个简单的接口和逻辑结构来调用这些库。CodeIgniter 通过最小化开发者进行开发需要编写的代码量，让开发者把更多的精力放到项目的创造性开发上。CodeIgniter 具有下面的特点。

1. 免费

CodeIgniter 是免费的，通过 MIT 开源许可协议授权，可以任意使用。程序版权归不列颠哥伦比亚理工学院所有。系统向任何得到该软件副本或相关文档的人授权；被授权人有权使用、复制、修改、合并、出版、发布、散布、再授权和/或贩售软件及软件的副本，及授予被供应人同等权利，但在软件和软件的所有副本中都必须包含以上版权声明和本许可声明。

该软件是"按原样"提供的，没有任何形式的明示或暗示，包括但不限于为特定目的、不侵权的销售提供担保。在任何情况下，作者或版权持有人都无权要求任何索赔，或有关损害赔偿的其他责任。无论在本软件的使用上或其他买卖交易中，都要考虑是否涉及合同、侵权或其他行为。

2. 轻量级

CodeIgniter 的轻量级特点体现在其核心系统只需要一些非常小的库，这和那些需要大量资源的框架完全相反。而且，库都是根据请求进行动态加载的，需要什么才加载什么，所以核心系统是个非常轻快的系统。

3. 速度快

CodeIgniter 具有速度快的特点。读者可以用 CodeIgniter 访问一个实际网站，其网页打开速度非常快。CodeIgniter 系统开发者描述保证用户很难找到一个比 CodeIgniter 性能更好的框架，这也是本书作者为何推荐使用 CodeIgniter 的原因。

4. MVC 架构

CodeIgniter 使用 MVC 架构，即模型—视图—控制器架构，它能很好地将逻辑层和表示层分离。特别是对于那些使用了模板文件的项目来说更好，它能减少模板文件中的代码量。在后续章节中对 MVC 架构会有更详细的介绍。

5. 干净的 URL

CodeIgniter 生成的 URL 非常干净，而且对搜索引擎友好。不同于标准的"查询字符串"方法，CodeIgniter 使用了基于段的方法：

http://bak.maikefutures.com/front/optionlist/9/91/1/0/1/

默认 URL 中会包含 index.php 文件，但是可以通过更改 .htaccess 文件来去掉它。

6. 功能强大

CodeIgniter 功能非常强大。CodeIgniter 拥有全面的类库，能满足大多数 Web 开发任务的需要。例如，访问数据库、发送邮件、验证表单数据、会话管理、处理图像、处理 XML-RPC 数据等。

7. 可扩展性强

CodeIgniter 是可扩展的。系统可以非常简单地通过自己的类库和辅助函数来扩展，也可以通过类扩展或系统钩子来实现。

8. 无模板引擎

CodeIgniter 不需要模板引擎。尽管 CodeIgniter 自带了一个非常简单的可选的模板解析器，但并不强制开发者使用模板。模板引擎的性能无法和原生的 PHP 代码相比，另外使用模板引擎还需要学习一种新的语法，而使用原生 PHP 代码只需要掌握基本的 PHP 语法即可。PHP 代码如下：

```
<ul>
<?php foreach ($addressbook as $name):?>
    <li><?=$name?></li>
<?phpendforeach; ?>
</ul>
```

使用模板引擎的代码(伪代码)如下：

```
<ul>
{foreach from=$addressbook item="name"}
    <li>{$name}</li>
{/foreach}
</ul>
```

的确，模板引擎中的代码比 PHP 代码要清晰一些，但它是以牺牲性能为代价的，因为模板引擎中的伪代码必须要转换为 PHP 代码才能运行。CodeIgniter 的目标是性能最大化，所以，CodeIgniter 决定不使用模板引擎。

9. 文档全面

CodeIgniter 拥有全面的文档。程序员们都喜欢写代码而讨厌写文档，当然，CodeIgniter 也不例外。但是由于文档和代码同样重要，所以 CodeIgniter 尽力来做好它。CodeIgniter 的代码非常简洁并且注释也非常全面。

10. 用户社区友好

CodeIgniter 拥有一个友好的用户社区。用户可以看到 CodeIgniter 的社区用户数量在不断增长，他们在社区论坛(http://forum.codeigniter.com/)里活跃地参与各种话题的讨论。

6.2　下载和安装

上面介绍框架的基础知识就是为了让读者更好地理解 CodeIgniter 框架，因为在 CodeIgniter 框架中使用了 MVC，所以只有充分地理解了 MVC 的框架含义，才能更快地掌握 CodeIgniter 框架并使用 CodeIgniter。

在 http://CodeIgniter.org.cn/user_guide/网站中有 CodeIgniter 的详细参考文档，如图 6-1 所示。

图 6-1　CodeIgniter 用户手册

用户首先在主页上下载 CodeIgniter 的某个版本，如图 6-2 所示。

图 6-2　CodeIgniter 版本下载

下载之后，按以下操作完成安装。

第一步：解压缩。

解压下载文件。如果能用 PhpStorm 打开文件，并且能够看到 CodeIgniter 的目录结构，就表示下载成功，如图 6-3 所示。

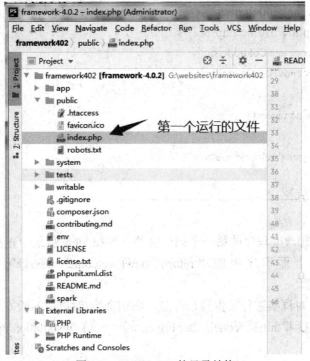

图 6-3　CodeIgniter 的目录结构

在浏览器地址栏中输入正确的 URL，如 http://localhost:8080，将看到类似图 6-4 所示的欢迎页面。

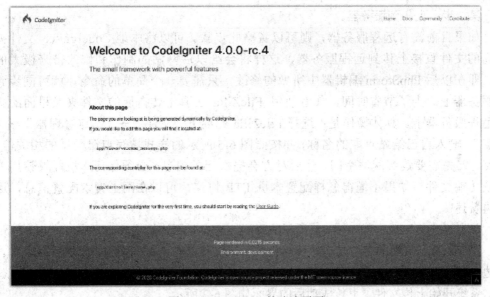

图 6-4　CodeIgnite 的欢迎页面

注意：在 CodeIgniter 4 框架中，第一个运行的文件是 public/index.php，public 这个文件夹将成为站点的 Web 根目录，Web 服务器配置将指向它。开始，它调用了 app/views/welcome_message.php 文件。读者可以在 app/views 下建立自己的主页文件，如 index.php，并适当地调整程序，让 public/index.php 调用自己的文件，从而开始项目的设计。实际上，CodeIgniter 4 在 app/controllers/Home.php 文件中调用了 welcome_message.php。Home.php 程序如下：

```php
<?php namespace app/Controllers;
class Home extends BaseController
{
    public function index()
    {
        return view('welcome_message');
    }
    //---------------------------------------------------------------
}
```

如果读者自己想改变程序的第一个调用文件，如在 view 目录中建立一个 index.php 文件，则只需要将上面程序中的"return view('welcome_message');"更改为"return view('index');"即可。

CodeIgniter 4 对框架进行了重写，并且不向前兼容(对以前的版本不兼容)。如果有以前版本的程序，请参考 https://codeigniter.org.cn/user_guide/installation/upgrade_4xx.html 进行升级。

但是，在 CodeIgniter 3 框架中，网站第一个运行的文件是项目目录下的 index.php 文件，该文件接着调用的是 system/core/CodeIgniter.php 文件。系统不允许网站的第一个文件直接调用其他目录下的 index.php 文件。

第二步：上传到服务器。

如果目前没有远程服务器，则可以省略此步骤。可以将本地 CodeIgniter 文件夹及里面的文件直接上传到远程服务器，这样将会给以后网站的制作和修改带来极大的方便，即在以后 PhpStorm 编辑器中所做的修改，只需要一个简单的命令，就可同步到远程服务器上。为了节省时间，作者使用 FileZilla 工具上传自己的文件夹及里面的文件到远程服务器上。具体操作是：选择 FileZilla 的菜单"文件"→"站点管理器"→"新站点"，输入自己给站点取的名称，并按照图 6-5 所示的样式填写自己网站的相关信息。当然，首先需要购买网站空间，然后对方会提供相关信息。必须保证本机能够使用 FTP 协议传输文件。如果不懂得怎样配置本机 FTP 协议，可以在网上搜索配置信息，这里不再赘述。

单击"连接"后出现如图 6-6 所示的界面，查看是否连接成功。

图 6-6 所示页面的左边是自己计算机的目录文件，右边是网站服务器的目录文件。把左边自己计算机下载的 CodeIgniter 的文件目录用鼠标左键拖拉到右边服务器的相应位置后，系统开始上传文件。上传成功后的界面如图 6-7 所示。

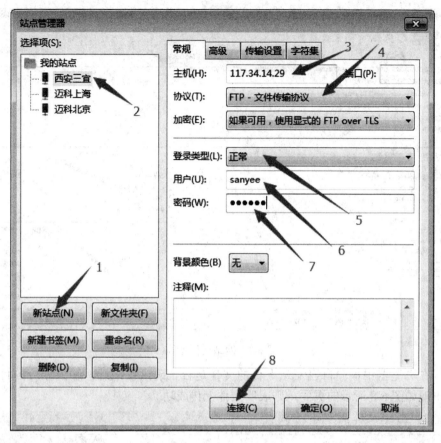

图 6-5　建立网站连接

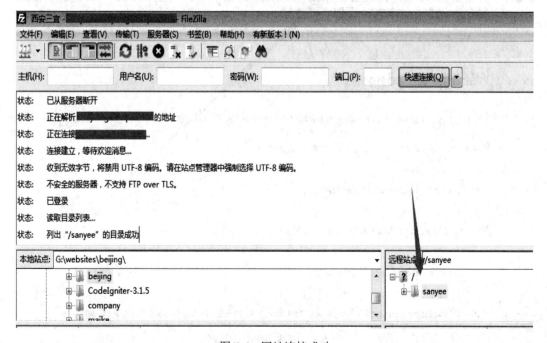

图 6-6　网站连接成功

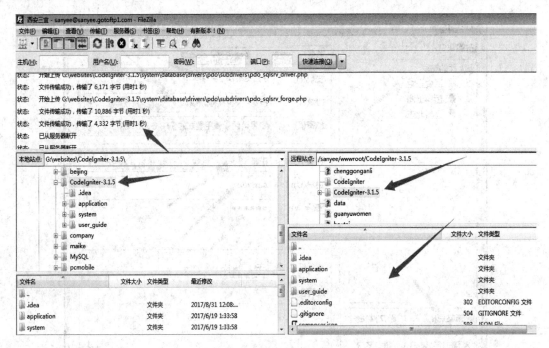

图 6-7　网站文件上传

可以在浏览器中检验自己网站上传的文件是否正确，在地址栏输入相应的目录地址后，若出现如图 6-8 所示的页面，则表明文件上传成功。

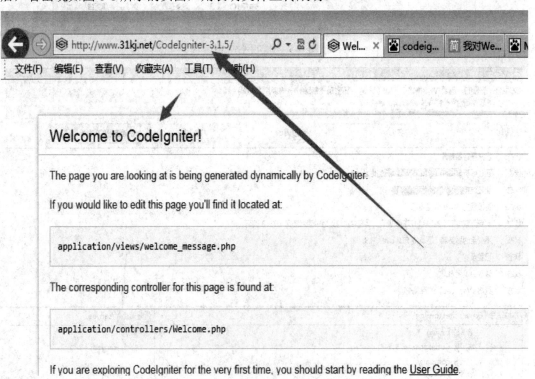

图 6-8　网站文件上传测试

6.3　建立映射项目

建立远程网站项目的本地映射项目，会给以后的修改维护提供极大的方便。在本地计算机上进行修改，一个命令就可以提交到后台远程服务器。当然，网络必须是正常连接的。下面介绍如何建立服务器上网站的本地映射项目。

6.3.1　本地映射项目

创建本地映射项目的操作步骤如下：

(1) 打开 PhpStorm，选择"File"→"New Project from Existing File"，出现如图 6-9 所示界面。

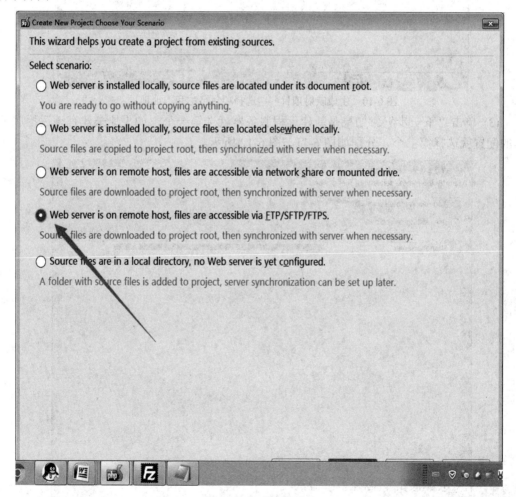

图 6-9　生成映射项目

(2) 单击"下一步"，填写项目名称和项目本地存储位置，如图 6-10 所示。

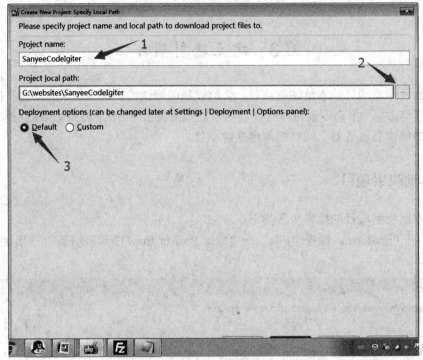

图 6-10　生成映射项目——选择项目名称和本地地址

(3) 单击"下一步"。如果是新建远程服务器就选第一个，如果原来建有该远程服务器的配置就选择第二个，分别如图 6-11、图 6-12 所示。

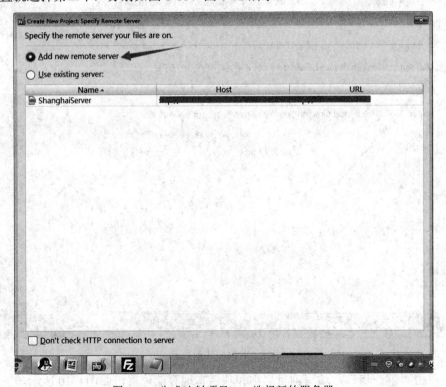

图 6-11　生成映射项目——选择新的服务器

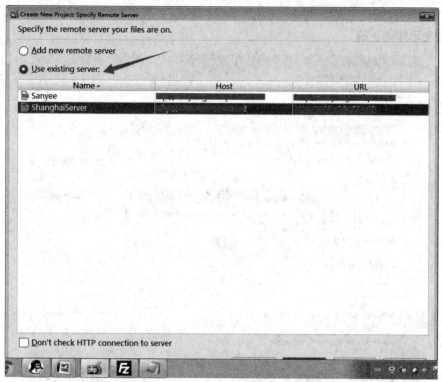

图 6-12　生成映射项目——选择存在的服务器

(4) 单击"下一步",如果选择了"Add new remote server",则填写如图 6-13 所示的内容。

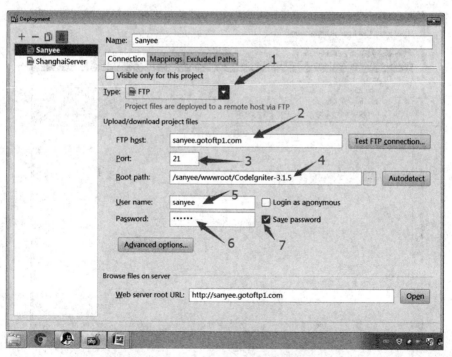

图 6-13　生成映射项目——填写服务器配置信息

(5) 测试配置的信息是否正确。单击"Test FTP connection",如果出现图 6-14 所示的提示,则表示连接正确。

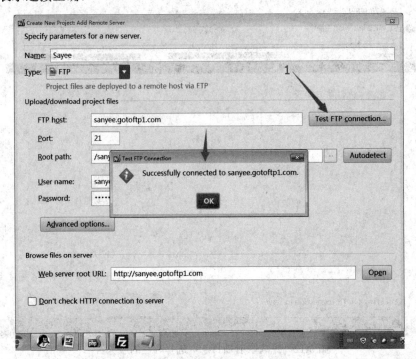

图 6-14 生成映射项目——测试服务器配置信息

(6) 单击"下一步",指定远程服务器上的根目录文件夹,如图 6-15 所示。

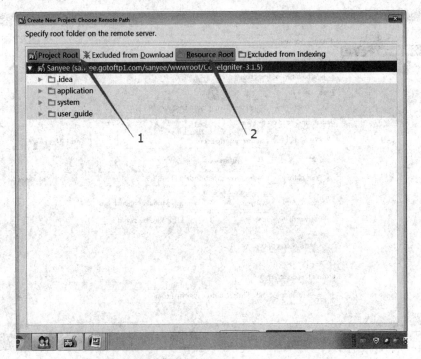

图 6-15 生成映射项目——指定服务器根目录文件夹

(7) 单击"下一步"，指定远程服务器上的项目 Web 路径，这个路径会被追加到服务器的根 URL 路径下，如图 6-16 所示。

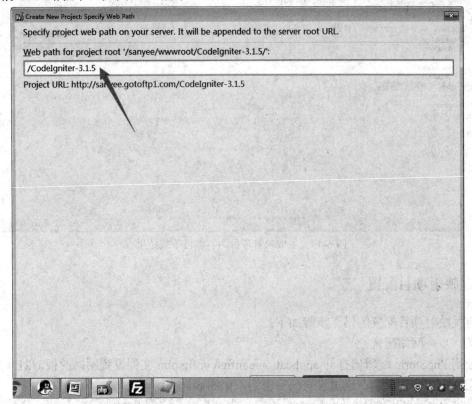

图 6-16　生成映射项目——指定服务器项目 Web 路径

(8) 单击"下一步"，开始下载服务器文件到本地服务器，如图 6-17 所示。

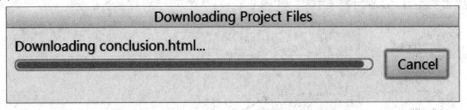

图 6-17　生成映射项目——下载服务器文件到本地

(9) 单击"下一步"，选择在新窗口中打开项目还是在本窗口中打开项目，若选择在本窗口中打开项目，则将关闭目前打开的项目，如图 6-18 所示。

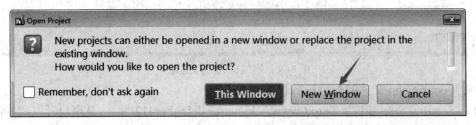

图 6-18　生成映射项目——选择项目打开的窗口

到此项目生成完毕，结果如图 6-19 所示。

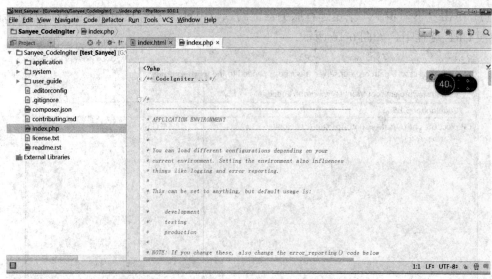

图 6-19　生成映射项目——项目下载结果

6.3.2　映射项目配置

有关映射项目配置的操作步骤如下：

第一步：网站配置。

使用 PhpStorm 编辑器打开 application/config/config.php 文件设置网站的根 URL，如果想使用加密或会话，则在这里设置加密密钥，如图 6-20 所示。

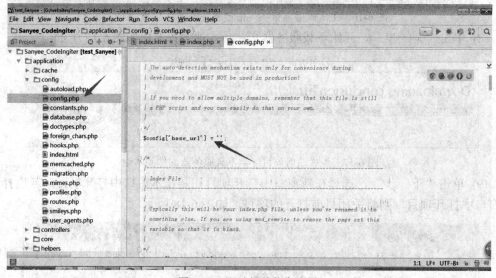

图 6-20　网站相关信息配置

关于 config.php 文件的配置参数说明如下：

(1) $config['base_url'] = "http://www.31kj.net/CodeIgniter412/"；这是用户开发网站的网址，CodeIgniter 会根据这个网址来生成链接、表单地址等。

(2) $config['index_page'] = "index.php"；这是 CodeIgniter 根目录下默认的主页

index.php 文件名，CodeIgniter 会使用它来生成链接地址。如果使用隐藏 index.php 的 URL，则将其设置为空字符串。

(3) $config['uri_protocol'] = "AUTO"；这是 CodeIgniter 生成 URL 使用的协议格式，设置为"AUTO"式自动探测。如果链接不能正常工作，则可以尝试设置下面的值：

- PATH_INFO；
- QUERY_STRING；
- REQUEST_URI；
- ORIG_PATH_INFO。

例 如， 访 问 http://pc.local/index.php/product/pc/summary?a=1 时， PATH_INFO 为 /product/pc/summary；REQUEST_URI 为/index.php/product/pc/summary?a=1；QUERY_STRING 为 a=1。实际配置与服务器配置也有关系，有的服务器会配置 ORIG_PATH_INFO，但大部分没有。影响路由解析的还有 enable_query_strings 参数，当该参数为 TRUE 时，如果 传 入 了 controller_trigger 参 数， 则 会 以 查 询 字 符 串 的 方 式 来 获 取 参 数， 如 index.php?c=products&m=view&id=345，则解析到 product 控制器中的 view 方法。

uri_protocol 的值决定了 CodeIgniter 路由和参数的获取方式，CodeIgniter 会通过这些值来判断解析到哪一个控制器，所以需要确保服务器配置了正确的值。大部分情况下设置 AUTO 即可，AUTO 会检测 REQUEST_URI、PATH_INFO、QUERY_STRING、$_GET 的值，直到读到内容。

(4) $config['url_suffix'] = ""；这是 CodeIgniter 产生链接时使用的 URL 后缀，如果要实现伪静态，则可以设置 $config['url_suffix'] = ".html"。

(5) $config['language'] = "english" CodeIgniter；这是程序默认使用的语言(英语)。

(6) $config['charset'] = "UTF-8"；这是 CodeIgniter 程序默认使用的字符集。

(7) $config['enable_hooks'] = FALSE；这是是否启用钩子，使用的语言钩子功能使得可以在不修改系统核心文件的基础上改变或增加系统的核心运行功能。

(8) $config['subclass_prefix'] = 'MY_'；这是设置扩展 CodeIgniter 类库时使用的类名前缀。

(9) $config['permitted_uri_chars'] = 'a-z 0-9~%.:_\-'；这是设置 CodeIgniter URL 中允许使用的字符，它是一个正则表达式。当访问者试图访问 CodeIgniter URL 包含的其他字符时，会得到一个警告。应该尽量通过限制 CodeIgniter URL 使用的字符来提高系统安全性，这样可以有效过滤注入攻击。如果此处设置为空，则允许使用所有字符，不过强烈建议不要这么做。

(10) $config['enable_query_strings'] = FALSE；这是 CodeIgniter URL 默认使用分段的 URL，此选项也允许 CodeIgniter 开启查询字符串形式 URL。可以使用查询字符串来传递要访问的控制器和函数。例如，index.php?c=controller&m=method。CodeIgniter 默认使用分段的 URL，查询字符串的 URL 中很多特性不被支持。

(11) $config['controller_trigger'] = 'c'；这是 CodeIgniter 将查询字符串中此选项对应的值当作 CodeIgniter 控制器的名字。

(12) $config['function_trigger'] = 'm'；这是 CodeIgniter 将查询字符串中此选项对应的值当作 CodeIgniter 控制器方法的名字。

(13) $config['log_threshold'] = 0；这是启用错误日志格式，设置记录哪些类型的错误。取值如下：

- 0 = 关闭错误日志记录。
- 1 = 记录错误信息。
- 2 = 记录调试信息。
- 3 = 记录通知信息。
- 4 = 记录所有信息。

(14) $config['log_path'] = ''；如果不想使用默认的错误日志记录目录配置(system/logs/)，则可以设置完整的服务器目录。

(15) $config['log_date_format'] = 'Y-m-d H:i:s'；这是 CodeIgniter 错误日志时间格式。

(16) $config['cache_path'] = ''；如果不想使用默认的缓存目录(system/cache/)来存储缓存，则可以设置完整的服务器目录。

(17) $config['encryption_key'] = ""；这是 CodeIgniter 使用的密钥。这个一定要设置，以加密自己的 Cookie 等。

(18) $config['global_xss_filtering'] = FALSE；设置是否对输入数据(GET、POST)自动过滤跨脚本攻击。

(19) $config['compress_output'] = FALSE；设置是否启用 Gzip 压缩达到最快的页面加载速度。

(20) $config['time_reference'] = 'local'；设置时间格式，如"local""GMT"。

(21) $config['rewrite_short_tags'] = FALSE；如果想要使用短标记，但 PHP 服务器不支持，则 CodeIgniter 可以通过重写短标记来支持这一功能。

(22) $config['proxy_ips'] = ''；如果访问者通过代理服务器来访问网站，则必须设置代理服务器 IP 列表，以识别出访问者真正的 IP。

第二步：设置数据库参数。

配置文件存放在如图 6-21 所示格式的一个多维数组里。如果打算使用数据库，则打开 application/config/database.php 文件设置数据库参数。

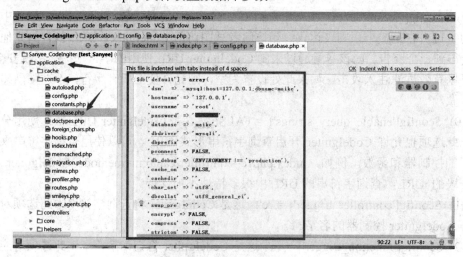

图 6-21　网站数据库配置

　　使用多维数组的目的是让我们随意地存储多个连接值。例如，如果读者运行多个环境(development——开发环境；production——生产环境；test——测试环境)，则配置文件能为每个环境建立独立的连接组，并在组之间直接进行切换。在图 6-21 中，可以更改"default"为不同的名称建立不同的数据库组环境，如把"default"改为"development"，即告诉系统使用"development"组。设置位于配置文件中的变量的方法如下：

　　　　$active_group = " development ";

　　注意："development"的名字是任意的，读者可以自由设置，主要连接默认使用"default"这个名字，当然，读者可以基于自己的项目为它取一个更有意义的名字。

　　Active Record 类可以通过数据库配置文件里的$active_record 变量进行全局的设定(允许/禁止 TRUE/FALSE (boolean))。如果读者不用这个类，那么可以通过将这个变量值设置成 FALSE 来减少数据库类初始化时对电脑资源的消耗。

　　　　$active_record = TRUE;

　　注意：一些 CodeIgniter 的类，如 Sessions，在执行一些函数时需要 Active Record 的支持。

　　下面针对数据库中涉及的参数进行详细说明：

　　(1) hostname：数据库的主机名，通常位于本机，可以表示为"localhost"或者"127.0.0.1"。

　　(2) username：需要连接到数据库的用户名。

　　(3) password：登录数据库的密码。

　　(4) database：需要连接的数据库名。

　　(5) dbdriver：数据库类型，如 mysql、postgres、odbc 等，必须为小写字母。

　　(6) dbprefix：当运行 Active Record 查询时数据表的前缀，它允许在一个数据库上安装多个 CodeIgniter 程序。

　　(7) pconnect：TRUE/FALSE (boolean)——使用持续连接。

　　(8) db_debug：TRUE/FALSE (boolean)——显示数据库错误信息。

　　(9) cache_on：TRUE/FALSE (boolean)——数据库查询缓存是否开启。

　　(10) cachedir：数据库查询缓存目录所在的服务器绝对路径。

　　(11) char_set：与数据库通信时所使用的字符集。

　　(12) dbcollat：与数据库通信时所使用的字符规则。

　　(13) swap_pre-：替换默认的 dbprefix 表前缀，该项设置对于分布式应用是非常有用的，可以在查询中使用由最终用户定制的表前缀。

　　(14) autoinit：设置当数据库类库(database library)被载入时是否需要自动连接数据库，如果设置为 FALSE，则将在首次查询前进行连接。

　　(15) stricton：TRUE/FALSE (boolean)表示是否强制使用"Strict Mode"连接，在开发程序时，使用 strict SQL 是一个好习惯。

　　(16) port：数据库端口号。要使用这个值，应该添加一行代码到数据库配置数组中。例如，$db['default']['port'] = 5432;。

　　提示：并不是所有的值都是必需的，这取决于所使用的数据库平台(如 MySQL、Postgres等)。例如，当使用 SQLite 时，不需要提供 username 或 password，数据库名字就是数据库文件的路径。以上内容是基于假定读者使用的是 MySQL 数据库而提出的。

第三步：安全性设置。

如果读者想通过隐藏 CodeIgniter 的文件位置来增加安全性，则可以将 system 和 app 目录修改为其他的名字，然后打开主目录下的 index.php 文件，将 $system_path 和 $application_folder 这两个变量设置为修改后的名字。

为了达到更好的安全性，system 和 app 目录都应该放置在 Web 根目录之外，这样就不能通过浏览器直接访问它们。CodeIgniter 默认在每个目录下都包含了一个.htaccess 文件，用于阻止直接访问，但是最好还是将它们移出能公开访问的地方，防止出现 Web 服务器配置更改或者.htaccess 文件不被支持等情况。

如果读者想让 views 目录保持公开，则可以将自己的 views 目录移出 app 目录。移动完目录之后，打开 index.php 文件，分别设置好 $system_path、$application_folder 和 $view_folder 这三个变量的值，最好设置成绝对路径，如/www/sanyee/system。

在实际的运行环境中还要多执行一步，就是禁用 PHP 错误报告以及所有其他仅在开发环境使用的功能。在 CodeIgniter 中，可以通过设置 ENVIRONMENT 常量来做到这一点。

CodeIgniter 框架自身提供了一些安全设置，如针对 XSS 和 CSRF 攻击的防范、SQL 注入攻击的防范等。就配置文件而言，需在 app/config/config.php 中进行配置。具体参数如下：

```
$config['encryption_key'] = '';              //这个一定要设置，以加密自己的 Cookie 等
$config['cookie_secure'] = TRUE;             //设置为 TRUE
$config['global_xss_filtering'] = TRUE;      //全局 XSS 过滤设置为 TRUE
$config['csrf_protection'] = TRUE;           //防范 csrf 攻击
$config['csrf_token_name'] = 'mall_tooken';
$config['csrf_cookie_name'] = 'mall_cookie';
$config['csrf_expire'] = 7200;               //设置适当的时间
```

打开 system/core/Input.php，将 get 和 post 方法中的$xss_clean 设置为 true。如果对站点安全没有要求，那么就不设置，或是在调用 get 或是 post 取参数时进行明确设置。

开发中需要注意以下几点：

(1) 使用 $this->input->get('name', true);，而不使用$_GET['name'];。

(2) 使用 $this->input->post('name', true);，而不使用$_POST['name'];。

(3) 使用 ActiveRecord 查询语句，而尽量不用 select 之类的语句。

6.3.3 映射项目上传

如果修改了某个本地文件，则在文件区右键选择"Upload to 服务器名称"(作者的服务器名称是 Sanyee)，或者在文件名上右键选择也可以。这样，修改的内容就上传到了服务器的相应位置，如图 6-22 所示。

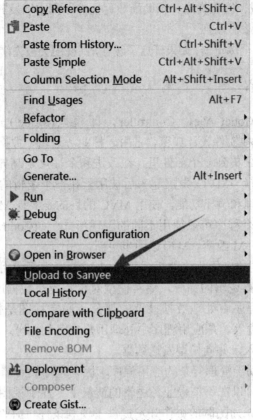

图 6-22　上传修改内容

6.4　MVC 框　架

CodeIgniter 整个系统的数据流程如图 6-23 所示。

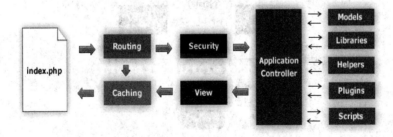

图 6-23　CodeIgniter 数据流程

图 6-23 的执行过程如下：

(1) index.php 文件作为前端控制器，初始化运行 CodeIgniter 所需的基本资源。

(2) Router 检查 HTTP 请求，以确定如何处理该请求。

(3) 如果存在缓存文件，则将直接输出到浏览器，不用走下面正常的系统流程。

(4) 在加载应用程序控制器之前，对 HTTP 请求以及用户提交的数据进行安全检查。

(5) 控制器加载模型、核心类库、辅助函数、插件、脚本以及其他所有处理请求所需的资源。

(6) 渲染视图并发送至浏览器，如果开启了缓存，则视图会被先缓存起来用于后续的请求。

6.4.1　MVC 相关介绍

MVC 的全称是 Model View Controller，即模型(Model)－视图(View)－控制器(Controller)。MVC 是一种软件设计典范，它用一种业务逻辑、数据、界面显示分离的方法组织代码，将业务逻辑聚集到一个部件里，在改进和个性化定制界面及用户交互的同时，不需要重新编写业务逻辑。MVC 发展起来后被用于在一个逻辑的图形化用户界面的结构中映射传统的输入、处理和输出功能。使用 MVC 的目的是实现 M(Model)和 V(View)的代码的分离，从而使同一个程序可以使用不同的表现形式。C(Controller)存在的目的则是确保 M 和 V 的同步，一旦 M 改变，V 应该同步更新。

MVC 是一种设计创建应用程序的模式。Model(模型)表示应用程序核心，是应用程序中用于处理应用程序数据逻辑的部分，通常模型对象负责在数据库中存取数据。View(视图)显示数据，是应用程序中处理数据显示的部分，通常视图是依据模型数据创建的。Controller(控制器)处理输入，是应用程序中处理用户交互的部分，通常控制器负责从视图读取数据，控制用户输入，并向模型发送数据。

MVC 分层思想有助于管理复杂的应用程序，因为程序设计者可以在一段时间内专门关注一个方面。例如，可以在不依赖业务逻辑的情况下专注于视图设计。同时也让应用程序的测试更加容易。这就为团队的协作开发提供了便利条件。MVC 分层的同时也简化了分组开发。不同的开发人员可同时开发视图、控制器逻辑和业务逻辑。MVC 框架如图 6-24 所示。

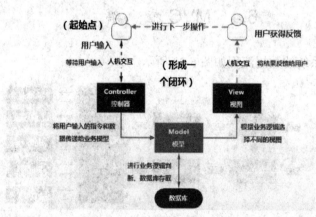

图 6-24　MVC 框架

MVC 的处理过程是：首先控制器接收用户的请求，并决定应该调用哪个模型来进行处理，然后模型用业务逻辑来处理用户的请求并返回数据，最后控制器用相应的视图格式化模型返回的数据，并通过表示层呈现给用户。

那么为什么要使用 MVC 呢？原因在于大部分 Web 应用程序都是用 ASP、PHP 或者 CFML 这样的过程化语言来创建的。它们将数据库查询语句这样的数据层代码和 HTML

这样的表示层代码混在一起。经验比较丰富的开发者会将数据从表示层分离开来，但这通常不容易做到，需要精心地计划和不断地尝试。MVC 从根本上强制性地将它们分开。尽管构造 MVC 应用程序需要一些额外的工作，但是它给我们带来的好处是毋庸置疑的。

首先，最重要的一点是多个视图能共享一个模型，正如上面所提及的那样，现在需要用越来越多的方式来访问应用程序。无论用户想要 Flash 界面或是 WAP 界面，用一个模型就能处理它们。由于已经将数据和业务规则从表示层分开，因此可以最大化地重用代码。

其次，由于模型返回的数据没有进行格式化，因此同样的构件能被不同界面使用。例如，很多数据可能用 HTML 来表示，但是它们也有可能要用 Macromedia Flash 和 WAP 来表示。模型也有状态管理和数据持久性处理的功能。例如，基于会话的视频宣传也能被 Flash 网站或者无线联网的应用程序所重用。

再次，因为模型是自包含的，并且与控制器和视图相分离，所以很容易改变应用程序的数据层和业务规则。如果想把数据库从 MySQL 移植到 Oracle，或者把 RDBMS 数据源改变为 LDAP 数据源，则只需改变模型即可。一旦正确地实现了模型，不管数据来自数据库还是 LDAP 服务器，视图都会正确地显示它们。由于 MVC 的三个部件是相互独立的，改变其中一个不会影响其他两个，因此依据这种设计思想能构造出良好的松耦合的构件。

最后，对我们来说，控制器也提供了一个好处，就是可以使用它来连接不同的模型和视图去满足用户的需求，这样控制器可以为构造应用程序提供强有力的手段。给定一些可重用的模型和视图，控制器可以根据用户的需求选择模型进行处理，然后选择视图将处理结果显示给用户。

MVC 模式是一个有用的程序设计架构，它有很多优点，但也有一些缺点。MVC 的缺点是因为它没有明确的定义，所以完全理解 MVC 并不是很容易。使用 MVC 需要精心地计划，由于它的内部原理比较复杂，因此需要花费一些时间去思考如何将 MVC 运用到自己的应用程序，同时由于模型和视图要严格分离开来，因此也给调试应用程序带来了一定的困难。每个构件在使用之前都需要经过彻底的测试，一旦构件经过了测试，就可以重用它们。根据以往的经验，由于将一个应用程序分成了三个部件，因此使用 MVC 同时也意味着将要管理比以前更多的文件，这一点是显而易见的。虽然工作量增加了，但是这比起它所能带给我们的好处是不值一提的。MVC 并不适合小型甚至中等规模的应用程序，花费大量时间将 MVC 应用到规模并不是很大的应用程序通常会得不偿失。

MVC 设计模式是一个很好的创建软件的方法，它提倡的一些原则，如数据和显示互相分离可能比较好理解。但是如果要分离模型、视图和控制器的构件，则可能需要重新思考自己的应用程序，尤其是应用程序的构架。如果肯接受 MVC，并且有能力应付它所带来的额外工作量和复杂性，那么 MVC 将会使软件在健壮性、代码重用和结构方面上一个新的台阶。

6.4.2　CMS 相关介绍

关于网站设计，谈到 MVC 框架，就不得不讲到 CMS。CMS 是 Content Management

System 的缩写，中文翻译为内容管理系统。内容管理系统是进行企业信息化建设和开发电子政务软件等的重要工具，也是一个相对较新的市场需求产物。对于内容管理，业界还没有一个统一的定义，不同的机构有不同的理解。

1. CMS 的产生

随着网络应用的丰富和发展，很多网站往往不能迅速跟进大量信息衍生及业务模式变革的脚步，常常需要花费许多时间、人力和物力来处理信息更新和维护工作。遇到网站扩充时，整合内外网及分支网站的工作就变得更加复杂，甚至还需重新建设网站。如此下去，用户始终在一个高成本、低效率的循环中升级、整合。

于是，我们听到了许多用户这样的反馈：

(1) 页面制作无序，网站风格不统一，大量信息堆积，发布显得异常沉重。

(2) 内容繁杂，手工管理效率低下，手工链接视频和音频信息经常无法实现。

(3) 应用难度较高，许多工作需要技术人员配合才能完成，角色分工不明确。

(4) 改版工作量大，系统扩展能力差，集成其他应用时更是降低了系统应用的灵活性。

对于网站建设和信息发布人员来说，他们最关注的是系统的易用性和功能的完善性，因此，这对网站建设和信息发布工具提出了很高的要求。首先，角色定位要明确，以充分保证工作人员的工作效率。其次，功能要完整，满足各个层级"审核人"的应用所需，使信息发布准确无误。比如，为编辑、美工、主编及运维人员设置权限和实时管理功能。此外，保障网站架构的安全性，能有效管理网站访问者的登录权限，使网站数据库不受攻击，从而时刻保证网站的安全稳定，免去用户的后顾之忧。

根据以上需求，一套专业的内容管理系统(CMS)应运而生，有效解决了用户网站建设与信息发布中常见的问题和需求。对网站内容进行管理是该软件的最大优势，它的流程完善、功能丰富，可把文件分门别类并授权给合法用户编辑管理，而不需要用户去理会那些难懂的 SQL 语法。

2. CMS 的发展

内容管理系统从 2000 年开始成为一个重要的应用领域，这时.COM、B2B、B2C 等经历了资本和市场的考验及洗礼，人们重新回到信息技术应用的基本面——如何提高竞争能力。而内容管理系统恰恰能够为企业各种类型的数字资产的产生、管理、增值和再利用提供解决方案，从而改善组织的运行效率和企业的竞争能力，企事业单位也开始认识到内容管理系统的重要性。

3. CMS 的作用

CMS 具有许多基于模板的优秀设计，可以加快网站开发的速度和减少开发的成本。CMS 的功能并不只限于文本处理，它也可以处理图片、Flash 动画、视频流、音频流、图像甚至电子邮件档案。CMS 有多种平台和脚本类型。

Gartner Group 认为，内容管理从内涵上应该包括企业内部内容管理、Web 内容管理、电子商务交易内容管理和企业外部网(Extranet)信息共享内容管理(如 CRM、SCM 等)，Web 内容管理是当前的重点，e-business 和 XML 是推动内容管理发展的源动力。

Merrill Lynch 的分析师认为，内容管理侧重于企业员工、企业用户、合作伙伴和供应商方便获得非结构化信息的处理过程。内容管理的目的是把非结构化信息发布到 intranets、 extranets 和 ITE(Internet Trading Exchanges)上，从而使用户可以检索、使用、分析和共享相关信息。商业智能(BI)系统侧重于结构化数据的价值提取，而内容管理则侧重于企业内部和外部非结构化资源的战略价值提取。

Giga Group 认为，作为电子商务引擎，内容管理解决方案必须和电子商务服务器紧密集成，从而形成内容生产(Production)、传递(Delivery)以及电子商务端到端系统。

我们认为，内容管理系统是一种位于 Web 前端和后端办公系统或流程(内容创作、编辑)之间的软件系统。内容管理解决方案重点解决各种非结构化或半结构化的数字资源的采集、管理、利用、传递和增值，并能有机集成到结构化数据的商业智能环境中，如 OA、CRM 等。内容的创作人员、编辑人员、发布人员使用内容管理系统来提交、修改、审批、发布内容。这里的"内容"包括文件、表格、图片、数据库中的数据甚至音频视频等一切想要发布到 Internet、Intranet 以及 Extranet 网站上的信息。

4. 对 CMS 的需求

从企事业单位信息化的观点来看，导致对内容管理软件有巨大需求的因素如下：

(1) 知识是企业的财富。在 Internet 交互过程中，只有十分之一涉及销售，其他十分之九都和信息交互有关，员工的知识获取越来越依赖于互联网，特别是在电子商务的个性化环境中，客户为了做出购买决定，需要智能化地获取信息，不仅是商品的数量和价格，更重要的可能是产品的手册、安全保证、技术指标、售后服务、图片文件等。

(2) 信息的及时性和准确性。无论是企业内网还是外网，信息的更新越来越快，企事业单位的信息生产量越来越多，且呈现成倍增长的趋势，企事业单位更需要一个功能强大、可扩展的、灵活的内容管理系统来实现信息的更新与维护，这时如何保证信息的及时性和准确性将显得越来越重要。

(3) 企业内外网统一的需求增长。随着企事业单位信息化的建设，内联网和外联网之间的信息交互越来越多，优秀的内容管理系统对企业内部来说，能够很好地做到信息的收集和重复利用以及信息的增值利用；对于外联网来说，更重要的是真正交互式和协作性的内容。

国外从事内容管理软件研发的主要厂商包括 Vignette、Interwoven、BroadVision、Openmarket、ATG、Allaire、Documentum、Hummingbird 等，这些公司 CM 产品和解决方案专业性很强，大多基于 J2EE 等平台，功能丰富，主要面向企业级用户，是 CM 市场的主要厂商。还有一些专业厂商提供内容管理某个阶段需要的功能，如 Verity 提供知识检索，Micromedia 提供内容创作平台，Akamai 和 Inkitomi 提供内容分发管理技术等。与此相反，Microsoft、IBM、Oracle 等公司提供通用平台性 CM 解决方案。目前 CM 市场仍有很多不完善的地方，有些 CMS 只是单纯的信息发布工具而已，称不上内容的收集和再利用，更谈不上知识管理的概念，最多只是一组网站建设工具软件而已。所有产品的可视链接都非常差，只有极少数厂商能够提供可视软件，这些软件都不是交互式的，不能用作管理工具。

在这个全新的市场中很难找到一个能够满足用户所有需求的 CMS。

5. CMS 的内容

隐藏在内容管理系统之后的基本思想是分离内容的管理和设计。页面设计存储在模板里，而内容存储在数据库或独立的文件中。当一个用户请求页面时，各部分联合生成一个标准的 HTML 页面。

一个内容管理系统通常包含的要素有：文档模板、脚本语言(或标记语言)和数据库集成。

内容的包含物由内嵌在页面的特殊标记控制。这些标记对于一个内容管理系统来讲通常是唯一的。这些系统通常有比较复杂的操作语言支持，如 PHP、Python、Perl、Java 等。

内容管理系统对站点管理和内容编辑都有好处。其中最大的好处是能够使用模板和通用的设计元素以确保整个网站的协调。读者只需在他们的文档中采用少量的模板代码，即可把精力集中在设计之上的内容中。要改变网站的外观，管理员只需修改模板而不用修改一个个单独的页面。

内容管理系统简化了网站的内容供给和内容管理的责任关系。很多内容管理系统允许对网站的不同层面人员赋予不同等级的访问权限，这使得他们不必研究操作系统级的权限设置，只需用浏览器接口即可完成。

其他的特性如搜索引擎、日历、Web 邮件等也会内置于内容管理系统中，或允许以第三方插件的形式集成进来。

6. CMS 的开发

内容管理系统有以下两种类型：

(1) 框架型：本身不包含任何应用实现，只提供了底层框架，具体应用需要一定的二次开发，如 CodeIgniter、Cocoon、Vignette。

(2) 应用型：本身是一个面向具体类型的应用实现，已经包含了新闻/评论管理、投票、论坛、WIKI 等一些子系统，如 postNuke xoops。

在发布系统选型之前，首先了解自己的实际需求是最重要的。想根据现成系统将自己的需求硬往上照搬是非常不可取的。了解并清楚了访问量、权限控制和各种功能需求后再去网上找类似的实现，会发现其实每个环节上都有比较成熟的实现，而且还在不断完善和发展中。如果没有，那就是需求太特殊，或者可以尝试分解成更小的系统组合实现。

内容管理系统被分离成以下几个层面，各个层面优先考虑的需求不同。

(1) 后台业务子系统管理(管理优先：内容管理)：新闻录入系统、BBS 论坛子系统、全文检索子系统等都需要后台管理。后台管理子系统要提供方便用户录入数据的功能和清晰的业务逻辑功能。

(2) Portal 系统(表现优先：模板管理)。大部分最终的输出页面如网站首页、子频道/专题页、新闻详情页等一般都是各种后台子系统模块的组合，这种发布组合逻辑非常丰富，Portal 系统就负责以上这些后台子系统组合表现的管理。

(3) 前台发布(效率优先：发布管理)：面向最终用户的缓存发布和搜索引擎 spider 的 URL 设计等。

这里，还需要注意以下两点：

(1) 内容管理和表现的分离。很多成套的 CMS 没有把后台各种子系统和 Portal 分开设计，以至于使 Portal 层的模板表现管理和新闻子系统的内容管理逻辑混合在一起，甚至和 BBS 等子系统的管理都耦合得非常紧，整个系统显得非常庞杂。因为系统的各个子系统捆绑得比较紧密，所以后台的模块很难改变。但是把后台各种子系统内容管理逻辑和前台的表现/发布分离后，Portal 和后台各个子系统之间只是数据传递的关系，即 Portal 只决定后台各个子系统数据的取舍和表现，而后台的各个子系统也都非常容易插拔。

(2) 内容管理和数据分发的分离。Portal 系统设计时需要注意可缓存性(Cache Friendly)设计：CMS 后台管理和发布机制，本身不要过多考虑"效率"问题，只要最终页面输出设计得比较 Cacheable，效率问题就可通过更前端专门的缓存服务器解决。

此外，除了面向最终浏览器用户外，还要注意面向搜索引擎友好(Search Engine Friendly)的 URL 设计。通过 URL REWRITE 转向或基于 PATH_INFO 的参数解析，使得动态网页在链接(URI)形式上更像静态的目录结构，方便网站内容被搜索引擎收录。

6.5　加载静态内容

在加载静态内容前需要新建一个控制器来处理静态页面，控制器就是一个类，用来完成自己的工作，它是整个 Web 应用程序的"中介"。例如，当访问下面这个 URL 时：

http://www.mkqh.com/front/researchlist/10

通过这个 URL 就可以推测出来，有一个被称为"front"的控制器，被调用的方法为"researchlist"，这个方法的作用应该是以 URL 后边的数字作为参数，查询相应新闻条目并显示在页面上。在 MVC 模式里，会经常看到下面格式的 URL：

http://example.com/[controller-class]/[controller-method]/[arguments]

在正式环境下 URL 的格式可能会更复杂，但是现在，我们只需要关心这些就够了。

新建一个文件 app/controllers/Pages.php，然后添加如下代码。(以下程序 CI 版本是3.1.5)

```php
<?php
class Pages extends CI_Controller {
    public function view($page = 'home')
    {

    }
}
```

我们刚刚创建了一个 Pages 类，有一个方法 view 并可接受$page = 'home'的参数。Pages 类继承自 CI_Controller 类，这意味着它可以访问 CI_Controller 类(system/core/Controller.php)中定义的方法和变量。

控制器是 Web 应用程序中处理请求的核心，被称作超级对象。和其他的 PHP 类一样，可以在控制器中使用$this 来访问它，通过$this 就可以加载类库、视图以及针对框架的一般性操作。

现在，我们已经创建了类的第一个方法，接下来还需要创建一些基本的页面模板，即页头和页脚页面模板(两个视图)。

新建页头文件 app/views/templates/header.php 并添加以下代码：

```
<html>
    <head>
        <title>CodeIgniter</title>
    </head>
    <body>
        <h1><?php echo $title; ?></h1>
```

上面的页头文件包含了一些基本的 HTML 代码，用于显示页面主视图的内容。另外，它还输出了$title 变量。接下来，再新建页脚文件 app/views/templates/footer.php，然后添加以下代码：

```
    opy; 2018</em>
    </body>
</html>
```

小技巧：PhpStorm 中的 CodeIgniter 所有文档都是自动保存的，所以输入代码后不用单击"保存"。

6.5.1　在控制器中添加逻辑

接下来，需要在控制器中添加逻辑。前面已新建了一个控制器，里面有一个 view() 方法，这个方法接受一个参数，用于指定要加载的页面，静态页面模板位于 app/views/pages/目录。在该目录中，新建两个文件 Home.php 和 About.php。Home.php 内容如下：

```
<html>
<head>
    <title>home</title>
</head>
<body>
    这是我们测试的 home 页
</body>
</html>
```

About.php 内容如下：

```
<html>
<head>
    <title> about</title>
</head>
<body>
    这是我们测试的 about 页
</body>
</html>
```

为了加载这些页面，我们需要先检查请求的页面是否存在。代码如下：

```
<?php
```

```
class Pages extends CI_Controller {

    public function view($page = 'home')
    {
        if (!file_exists(APPPATH.'views/pages/'.$page.'.php'))
        {
            // 障碍，我们没有那个页面！
            show_404();
        }
        $data['title'] = ucfirst($page); //首字母大写
        $this->load->view('templates/header',$data);
        $this->load->view('pages/'.$page,$data);
        $this->load->view('templates/footer',$data);
    }
}
```

从上面的程序可以看出，如果请求的页面存在，则页面和页脚将一起被加载并显示。如果不存在，则会显示一个"404 Page not found"错误。

file_exists()是原生的 PHP 函数，用于检查某个文件是否存在。show_404()是 CodeIgniter 内置的函数，用来显示默认的错误页面。

在页头文件 header.php 中，$title 变量用来自定义页面的标题，它是在 view()方法中被赋值的，但是需要注意的是并不是直接赋值给 title 变量，而是赋值给$data 数组中的 title 元素。

最后要做的是按顺序加载所需的视图，view()方法的参数代表要展示的视图文件名称，$data 数组中的每一项将被赋值给一个变量，这个变量的名字就是数组的键值。所以控制器中$data['title']的值，就等于视图中$title 的值。

6.5.2　路由

现在开始测试，看看 CodeIgniter MVC 结构是如何路由工作的。在浏览器中输入 http://localhost:8080/index.php/Pages/view/home，就能看到 home 页面，如图 6-25 所示，包括页头和页脚。

图 6-25　静态页面显示(1)

相应地，访问 http:// localhost:8080/index.php/Pages/view/about 页面时，可以看到 about
页面，如图 6-26 所示，同样包括页头和页脚。

图 6-26　静态页面显示(2)

使用自定义的路由规则，我们可以将任意的 URI 映射到任意的控制器和方法上，从而
打破默认的规则：http://example.com/[controller-class]/[controller-method]/[arguments]。

让我们来试试。打开文件 app/config/routes.php，然后添加如下两行代码，并删除其他
对$route 数组赋值的代码。

```
$route['default_controller'] = ' Pages/view ';

$route['(:any)'] = ' Pages/view /$1';
```

CodeIgniter 从上到下读取路由规则并将请求映射到第一个匹配的规则，每一个规则都
是一个正则表达式(左侧)映射到一个控制器和方法(右侧)。当有请求到来时，CodeIgniter
首先查找能匹配的第一条规则，然后调用相应的控制器和方法，可能还带有参数。读者可
以在 CodeIgniter 用户手册中找到有关 "URI 路由" 的更多信息。

上述代码的第二条规则中，$route 数组使用了通配符(:any)，它可以匹配所有的请求，
然后将参数传递给 front 类的 view ()方法。

现在访问 http:// localhost:8080/index.php/home，或者 http:// localhost:8080/index.php/about，
结果表明路由规则正确地调用了控制器中的 view () 方法，如图 6-27 所示。

图 6-27　修改路由后的静态页面显示

6.6　读取新闻条目

前文中，我们通过编写一个包含静态页面的类(控制器)介绍了一些 MVC 框架的基本
概念，也根据自定义路由规则来重定向了 URI。下面介绍动态内容和如何使用数据库。

6.6.1　创建自己的数据模型

　　数据库的查询操作应该放在数据模型里，而不是放在控制器里，这样可以很方便地重用。数据模型正是用于从数据库或者其他存储中获取、增加、更新数据的地方，它就代表我们的数据。

　　打开 app/models/ 目录，新建一个文件 News_model.php 模型，然后输入下面的代码。前提是确保自己的 MySQL 数据库配置正确，并能正常打开。

```php
<?php
classNews_modelextends CI_Model {

    publicfunction __construct()
    {
        $this->load->database();
    }

}
```

　　这个代码和上一节控制器的代码有些类似，它通过继承 CI_Model 创建了一个新的模型，并加载了数据库类。数据库类可以通过$this->db 对象访问。

　　在查询数据库之前，我们要先创建一个数据库表。连接我们的数据库，运行下面的 SQL 语句(MySQL)，并添加一些测试数据。或者直接打开自己的 MySQL 数据库，进行手工配置。但是，一定要注意字段名称须一致，因为后面的程序中要使用这些字段名称。

```sql
CREATE TABLE news (
    newsid int(11) NOT NULL,
    title varchar(128) NOT NULL,
    editor varchar(20) NOT NULL,
    source varchar(128) NOT NULL,
    content text NOT NULL,
    PRIMARY KEY (id),
    KEY source (source)
);
```

　　现在，数据库和模型都准备好了，我们需要一个方法来从数据库中获取所有的新闻条目。为实现这点，我们使用了 CodeIgniter 的数据库抽象层"查询构造器"，通过它可以编写自己的查询代码，并在所有支持的数据库平台上运行。在我们刚才新建的模型中添加如下代码。注意：代码在类里面，也就是说下面的方法与上面的__construct()方法是并列的。

```php
publicfunctionview($source =FALSE)
{
    if ($source ===FALSE)            //获取所有的新闻条目
    {
        $query = $this->db->get('news');
        return $query->result_array();
```

```
        }
        $query = $this->db->get_where('news', array('source' => $source));
        return $query->row_array();
    }
```

通过上面的代码，我们可以执行两种不同的查询，一种是获取所有的新闻条目，另一种是根据它的 source 来获取新闻条目。我们应该注意到，$source 变量在执行查询之前并没有做检查，查询构造器会自动帮我们检查。

6.6.2　显示新闻

现在，查询代码已经写好了，接下来我们需要将模型绑定到视图上，向用户显示新闻条目。这可以在之前写的 Pages 控制器里来完成，但为了更清楚起见，我们定义了一个新的 News 控制器，在 app/controllers/News.php 文件中创建。代码如下：

```php
<?php
class News extends CI_Controller {
    public function __construct()
    {
        parent::__construct();
        $this->load->model('news_model');
        $this->load->helper('url_helper');
    }
    public function view($source = NULL)
    {
        $data['news_item'] = $this->news_model->get_news($source);
        if (empty($data['news_item']))
        {
            show_404();
        }
        $data['title'] = $data['news_item']['title'];
        $this->load->view('templates/header', $data);
        $this->load->view('news/view', $data);
        $this->load->view('templates/footer');
    }
}
```

阅读上面的代码我们会发现，这和之前写的代码有些相似之处。首先是 __construct() 方法，它调用父类(CI_Controller)中的构造函数，并加载模型。这样，模型就可以在这个控制器的其他方法中使用了。另外它还加载了"URL 辅助函数"，因为我们在后面的视图中会用到它。其次，有两个方法用来显示新闻条目，一个显示所有的新闻条目，另一个显示特定的新闻条目。我们可以看到第二个方法在调用模型方法时传入了 $source 参数，模型根据这个 source 返回特定的新闻条目。

现在，通过模型和控制器已经获取到数据，但还没有显示。下一步要做的就是将数据传递给视图。

接下来需要在 News 控制器的 index()方法中增加如下代码：

```
publicfunctionindex()
{

    $data['news'] = $this->news_model->get_news();

    $data['title'] = '新闻内容';

    $this->load->view('templates/header', $data);

    $this->load->view('news/index', $data);

    $this->load->view('templates/footer', $data);

}
```

上面的代码从模型中获取所有的新闻条目，并赋值给一个变量，另外页面的标题赋值给了$data['title']元素，然后所有的数据被传递给视图。现在我们需要创建一个视图文件来显示新闻条目，新建 app/views/news/index.php 文件并添加如下代码：

```
<h2><?php echo $title; ?></h2>
<?php foreach ($news as $news_item): ?>

    <h3><?php echo $news_item['newsid']; $news_item['title'];?><?php echo $news_item['title']; ?></h3>
    <div class="main">

        作者：<?php echo $news_item['editor']; ?>

        <a href="<?php echo site_url('news/'.$news_item['source']); ?>">浏览文章</a>

    </div>

<?php endforeach; ?>
```

这里，通过一个循环将所有的新闻条目显示给用户。可以看到在 HTML 模板中混用了 PHP，如果我们希望只使用一种模板语言，则可以使用 CodeIgniter 的"模板解析类"或其他的第三方解析器。

至此，新闻的列表页就做好了，但是还缺少显示特定新闻条目的页面，之前创建的模型可以很容易地实现该功能，只需要向控制器中添加一些代码，然后再新建一个视图就可以了。回到 News 控制器，使用下面的代码替换掉 view ()方法：

```
public function view($source = NULL)
{

    $data['news_item'] = $this->news_model->get_news($source);

    if (empty($data['news_item']))

    {

        show_404();

    }

    $data['title'] = $data['news_item']['title'];

    $this->load->view('templates/header', $data);

    $this->load->view('news/view', $data);
```

```
$this->load->view('templates/footer');
}
```

我们并没有直接调用 view()方法，而是传入了一个$source 参数，所以它会返回相应的新闻条目。最后创建视图文件 app/views/news/view.php 并添加如下代码：

```
<?php
echo '<h2>'.$news_item['title'].'</h2>';
echo $news_item['text'];
```

小技巧：如果需要注释程序段，用鼠标选择程序段后，按"Ctrl + /"组合键即可。

6.6.3　路由

根据之前创建的通配符路由规则，我们需要新增一条路由来显示刚刚创建的控制器，修改路由配置文件(app/config/routes.php)添加类似下面的代码。该规则可以让请求访问 News 控制器而不是 Pages 控制器，第一行可以让带 source 的 URI 重定向到 News 控制器的 view()方法。

```
$route['news/(:any)'] = 'news/view/$1';
$route['news'] = 'news';
$route['(:any)'] = 'pages/view/$1';
$route['default_controller'] = 'pages/view';
```

把浏览器的地址改回根目录,在后面加上 index.php/news,出现如图 6-28 所示的新闻页面。

图 6-28　数据库查询出数据的动态页面显示

至此，我们通过 MVC 框架完成了数据库数据的查询，并进行了显示。

6.7 创建新闻条目

现在我们已经知道了如何通过 CodeIgniter 从数据库中读取数据，但是还不能向数据库中写入数据。这一节，将继续完善前文中创建的 News 控制器和模型，实现向数据库中写入数据的功能。

6.7.1 创建一个表单

为了向数据库中写入数据，需要先创建一个表单，用来填写要存储的信息。表单里需要包含两项：一项代表标题，另一项代表内容。可以在模型中通过代码从标题中提取出无空格的字串。在文件 app/views/news/create.php 中创建一个新视图，代码如下：

```
<h2><?php echo $title; ?></h2>
<?php //echo validation_errors(); ?>
<form action="http://localhost:8080/index.php/news/create" method="post" accept-charset="utf-8">
<label for="title">题目</label>
<input type="input" name="title" /><br />
<label for="editor">作者</label>
<input type="input" name="editor" /><br />
<label for="source">来源</label>
<input type="input" name="source" /><br />
<label for="content">内容</label>
<textarea name="content"></textarea><br />
<input type="submit" name="submit" value="提交" />
</form>
```

回到 News 控制器，增加函数 create。我们将要在这里做两件事：检查表单是否被提交，以及提交的数据是否能通过验证规则。可以使用"表单验证类"来实现。

```
<?php
class News extends CI_Controller {
    …
    public function create()
    {
        $this->load->helper('form');
        $this->load->library('form_validation');
        $data['title'] = '添加新闻条目';

        $this->form_validation->set_rules('title', 'Title', 'required');
```

```
    $this->form_validation->set_rules('editor', 'Editor', 'required');
    $this->form_validation->set_rules('source', 'Source', 'required');
    $this->form_validation->set_rules('content', 'Content', 'required');


    if ($this->form_validation->run() === FALSE)
    {
        $this->load->view('templates/header', $data);
        $this->load->view('news/create');
        $this->load->view('templates/footer');
    }
    Else
    {
        $this->news_model->set_news();
        $this->load->view('news/success');
    }
    }
    }
```

　　上面的代码添加了不少功能，前两行代码加载了"表单辅助函数"和"表单验证类"，随后，设置了表单验证规则。set_rules()方法有三个参数：表单中字段的名称、错误信息中使用的名称以及验证规则。在这个例子中，规则为 title、editor、source 和 content 字段是必填字段。

　　接下来，我们可以看到一个判断条件，它用来检查表单验证是否成功通过，如果没有通过，则显示出表单；如果通过了验证，则会调用模型。然后，加载视图显示出成功信息。新建一个视图文件 app/views/news/success.php，并写上成功的信息。代码如下：

```
    <h2>添加成功！</h2>
```

6.7.2　模型

　　最后只剩下一件事情了，那就是在模型中完成 set_news()方法，将数据保存到数据库中。我们将会使用"输入类"获取用户提交的数据，并使用"查询构造器类"向数据库中插入数据。打开之前创建的 News_model.php 模型文件，添加 set_news()函数代码如下：

```
    public function set_news()
    {
        $this->load->helper('url');
        $data = array(
            'title' => $this->input->post('title'),
            'editor' => $this->input->post('editor'),
            'source' => $this->input->post('source'),
```

```
                'content' => $this->input->post('content')
        );
        return $this->db->insert('news', $data);
    }
```

set_news()这个方法用于向数据库插入数据。接下来准备将要被插入到数据库中的记录赋值给 $data 数组，数组中的每一项都对应之前创建的数据库表中的一列。这里应该看到又出现了一个新方法，即来自输入类的 post()方法，这个方法可以对数据进行过滤，防止其他人的恶意攻击。输入类默认已经加载了。最后，将$data 数组插入到我们的数据库中。

6.7.3　路由

在开始向 CodeIgniter 程序中添加新闻条目之前，需要到 config/routes.php 文件中去添加一条新的路由规则，确保文件中包含了下面的代码。这样可以让 CodeIgniter 知道"'create'"将作为一个方法被调用，而不是一个新闻条目的不含空格的字串。

```
        $route['news/create'] = 'news/create';
        $route['news/(:any)'] = 'news/view/$1';
        $route['news'] = 'news';
        $route['(:any)'] = 'pages/view/$1';
        $route['default_controller'] = 'pages/view';
```

现在在浏览器中输入本地开发地址，然后在 URL 后面添加 index.php/news/create。添加新闻条目的界面成功显示，如图 6-29 所示。输入一条新闻条目，如图 6-30 所示，看看是否会添加成功。

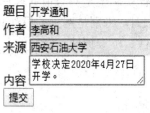

图 6-29　添加新闻条目表单页面

添加成功！

图 6-30　添加成功提示

查询数据库，数据添加成功，如图 6-31 所示。

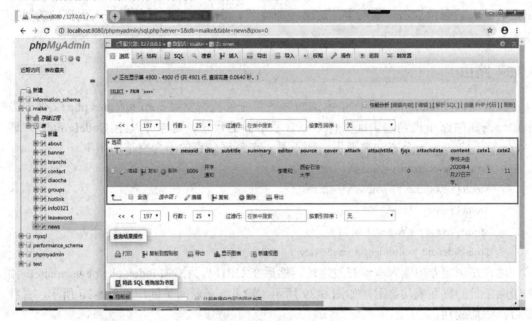

图 6-31　数据库数据添加成功

因为教材篇幅所限，关于 CodeIgniter 的相关内容就介绍到这里，有关 CodeIgniter 更深入的内容请大家参考 CodeIgniter 的用户手册。

6.8　网　站　设　计

开发网站不可避免要考虑一些原则性问题，本章最后一节，也是本书最后一节，就来介绍网站设计的原则及其相关知识。网站设计实际上是一个根据客户的要求从无到有、逐渐建设的过程，就像建造房子一样。网站的设计，特别是网页的设计具有很强的视觉效果。客户的环境、网站的类型、可操作性、时效性、可维护性、网站的反应速度等都是应该考虑的因素。

6.8.1　网页设计原则

根据经验，网页设计并非一项纯粹的技术性工作，而是融合了网络应用技术、网页开发技术、图形图像处理技术、网页美工设计等多个方面的工作。因此，对于从事网页设计的人员来说，不仅要掌握多种技术，还必须要有美术功底和审美能力。处处留心皆学问，多看，多思考，多理解。发现好的网页，就要分析它的特点、设计风格、颜色搭配、页面布局。一般来说，网页设计主要遵循以下原则。

1. 突出主题原则

每个网站都有一个明确的主题，网站的视觉设计表达的是一个具体的意图和要求，要按照视觉心理规律和形式将主题主动地传达给浏览者，以便主题在适当的环境中被浏览者理解和接受，从而达到预想的效果。这就要求设计不但要单纯、简练、准确和清晰，而且要在强调艺术性的同时，更加注重通过独特的风格和强烈的视觉冲击效果来突出设计主题。这就要求设计者一方面要通过对网页主题思想运用逻辑规律进行条理性处理，使之符合浏览者在获取信息时的心理，并被其理解和吸收；另一方面还要通过艺术来处理网页元素，达到营造良好视觉环境的设计目的，增强网页对浏览者的吸引力，增加浏览者对网络内容的理解，突出主题内容。

2. 整体性原则

整体性是体现网站独特风格的重要手段。整体性原则包括内容的整体性和设计形式的整体性。内容的整体性体现在整个网站在内容上要做到主题鲜明、特色突出，所有的内容都应该紧扣网站的主题；设计形式的整体性强调在内部联系紧密的同时，做到外部美感的和谐完整。在某种程度上，强调网页结构设计的整体视觉效果必然会以牺牲网站的灵活性为代价。因此，要防止在强调设计形式整体性时造成的网页呆板和沉闷，导致浏览者兴趣降低和浏览欲望减少的状况发生。

3. 内容形式统一原则

内容和形式是一个统一体。网站的内容是指网站的主题、形象、题材等基本要素的总称。形式就是网站的风格、结构、外观等表现内容的方法。无论多么优秀的设计，都是内容和形式的完美统一。只是简单地追求外表的华美靓丽、过于强调设计风格而脱离内容，或者只是强调内容的重要性而忽视外在的艺术表现形式，都会造成网站的设计失败。只有将二者有机结合，领会主题的深刻内涵，寻求一种完美的表现形式，才能设计出独具一格的网站。不要为了炫耀而在网页上设置不必要的元素，应该通过认真设计和充分考虑来实现网页的功能和外观表达，实现内容和形式的统一。因为一个网站一般由多个网页组成，所以要注意同一主题下多个页面组成的整体网站的内容和形式的统一问题。

4. 对称与均衡原则

对称分为左右对称、上下对称、重复对称、旋转对称等形式。对称的造型在大自然中比比皆是，同时也是版式设计常用的构成形式。对称的形式给人以稳定平衡的感觉，但也容易流于刻板、单调。为打破这种局面，设计上往往采用均衡来代替对称。均衡与对称的区别在于前者使各元素与轴心的分布排列不等，呈不规则状态，从形式上是对称的破坏，然而两边在视觉上的分量是相等的，整个画面还是处于大体的平衡中，给人以动中有静或静中有动的动态美，富于变化和趣味。均衡一般称为对等不对称或等量不等形。

5. 重复、相似和变异的原则

一个形体的反复出现，会加强对浏览者的视觉刺激。这是最简单的节奏，好像某几个音节在乐章中的反复出现，会加深听众的印象一样。在平面设计中有时也把近似的形象并置在一起，达到重复的效果，这就是相似。但有时又把很有规律的一段乐章中的一个或几个音符加以变化，使之产生强烈的反差，这就是变异。变异可以理解为对规律的破坏，这种表现手法更容易吸引人的注意力，激发浏览者的兴趣。

6. 节奏与韵律的原则

节奏、韵律都是来自音乐的概念。在构成中，形体有规律的排列和变化就形成了视觉的节奏与韵律。它会给浏览者带来舒适的视觉感受。除了前面提到的重复外，还有形的渐变，包括大小、长短、明暗、形状、位置等方面的变化，这些构成上的变化会使画面产生和谐的艺术效果。这些形式上的美，如果赋予页面的主题、个性和情感，则页面就有了韵律感，好像音乐中的旋律，不但有了节奏，还有情调，有意境。它能增强页面的感染力和艺术表现力。

7. 对比原则

对比就是利用异质元素的并置产生差异，更鲜明地突出各元素的个性特征。缺乏对比的画面是平淡的、乏味的，是没有吸引力的。而对比会产生强烈的矛盾和冲突，从而对浏览者产生视觉刺激。

8. 调和原则

调和是指通过网页中各要素之间存在的共性所构成的页面统一性。调和是产生和谐与稳定的前提，我们可以通过保持画面造型元素的某种特征的一致性，如形状、色彩等，形成调和。另外，前面讲到的对称、均衡、渐变、重复等构成方式也会形成调和的页面效果。以调和为基调的页面中各部分之间保持一种内在的统一和协调，从而加强页面的整体性和完整性。调和的构成中，要注意局部的对比效果，避免页面产生模糊。

一般采用以下三种方式进行页面的调和。

(1) 大小调和：使页面的元素面积大小相近，或者使一种元素面积大于其他元素，并占有绝对优势，保证其在页面中起主导作用。

(2) 形状调和：使页面中的造型元素保持相似的外形，并且把这种外形特征贯穿于整个网站。

(3) 色彩调和：通过页面中的元素色彩的一致性，进行页面调和。

总之，网页设计的原则是多种多样的。用一句话来概括，就是要以强大的视觉冲击来博取浏览者的眼球，以丰富多彩的内容吸引浏览者的注意力。

6.8.2 网页设计的特点

成功的网页设计一般具有以下特点。

1. 交互性

交互性是网络媒体不同于传统媒体最重要的一个方面。及时迅速的交互是网络媒体成为热点媒体的主要原因，也是网页设计者必须要认真考虑的问题。传统的媒体中，读者是一个被动的接受者，而网络媒体中，读者变成了主动参与者。这种持续的交互使得网页设计不像一般印刷品那样出版了就意味着工作的结束。网页设计者应该根据浏览者反馈的信息，结合网站的经营目标、理念和设计策略，及时更新、调整和修改网页内容。

2. 版式的不可控性

版式的不可控性体现在四个方面：第一是网页会根据浏览者的窗体大小自动调整显示的内容；第二是浏览者可以控制和调整网页页面在浏览器中的显示方式；第三是不同的浏览器软件在显示同一个网页时会有不同的效果；第四是浏览器所处的平台不同，实现的效果也会有所差异。所有这些都说明，网页设计者无法控制网页在客户端的最终显示效果。所以，一般的网页制作结束后，设计者需要在多个浏览器和环境中进行反复测试。

3. 技术与艺术的结合性

客观上网页是采用一定的技术设计开发的，但主观上网页必须运用一定的艺术创作来实现。作为网页设计者，除了应该掌握先进的网页开发技术外，还应该具备广泛的艺术知识，需要将技术和艺术有机地结合。如此，才能运用技术的力量，通过自己的艺术想象，开发出更能满足浏览者需求的网页。

4. 多媒体的应用

多种媒体如文字、图形、图像、声音、视频、动画等的综合运用，已经成为网页设计的一个新的方向。随着网络速度的进一步提高，在线音乐、在线广播、在线销售、在线授课、在线电影、在线直播、在线医疗、在线交易等实时数据的传输已经成为现实，如何充分利用现有的网络技术，综合运用好多种媒体，将使网页开发者面临极大的考验。

5. 多维性

因为页面的组织结构可能是线性序列结构、层次树状结构或是网状网络结构，所以会使得网页中链接的处理变得越来越复杂，网络中信息的检索和查找变得更加困难。如何使浏览者在网页的浏览过程中不迷路，清楚自己目前所处的位置，这将需要网页开发者提供足够多的、不同角度的导航链接，以帮助浏览者在多个不同的网页之间任意跳转。例如，增加返回主页的链接和按钮、增加返回上一级页面的链接等。

6.8.3　网页的色彩搭配

心理学研究指出，不同的颜色和色调会引起人不同的情感反应。例如，蓝色给人以沉静整洁的感觉，绿色给人以雅致生机的感觉，橙色给人以活泼热烈的感觉，暗红色给人以高贵严肃的感觉，黑色给人以肃穆压抑的感觉。

在网页中采用什么颜色是由网站的总体目标决定的。充分理解各种颜色的特性和心理特征，根据网站的目标选取对应的颜色，对于一个网页设计者来说是至关重要的。这里要强调一点，网页的颜色并非是随意选择的，一般一个网页必须要有一个主色调，围绕这个主色调，通常不要超过 3～5 种颜色。颜色过多会显得杂乱无章，颜色过少会显得单调乏味。目前网页设计中的流行趋势是采用渐变色。使用一系列类似的颜色，或者饱和度及明亮度成一定比例的颜色对比，灵活运用颜色给予人的一般性感觉和象征效果，可以给浏览者留下美好的印象。例如，将一个宾馆的网页设计成以黑色为主基调将是一个非常失败的案例，但同样的颜色运用在影视网站可能会产生意想不到的效果。在选取颜色时忌讳背景与文字颜色接近，忌讳使用大面积靓丽颜色，忌讳使用过多的颜色，忌讳使用对比度低的配色。

6.8.4 网页设计的成功要素

每个网页设计师在设计网页时都有自己的一套思路和方法，可以说成功的网页设计都是相似的，不成功的网页设计各有各的缺点。怎样设计出一个网页，才能获得浏览者更多的关注和更多的访问量，这是网页设计者，特别是新入行的设计者要面临的一个重大的问题。下面仅从技术的角度讲解获取网页设计成功需要注意的几个问题。

1. 整体布局

网页的整体布局，特别是网站主页的整体布局将是吸引浏览者的关键因素。在浏览者开始浏览网页的内容之前，必须让浏览者有干净整洁、条理清晰、耳目一新、比例协调的感觉，而不是留下一个杂乱无章、主次不分、大小不一、混乱无序的印象。过多的颜色、炫目的表格、过度的闪烁等都会给浏览者带来不好的印象。

2. 有用的信息

一个网站都有一个总体目的，是新闻宣传还是产品销售，是广告招揽还是信息服务，其目的都是给浏览者提供有价值的信息。所以，网站的信息必须是有实际意义的有用信息。

3. 网页响应速度

如果一个网站在 20～30 秒内没有被打开，那么一般的浏览者就会失去耐心。所以，网站的响应速度，特别是主页的响应速度一定要快。这就需要设计者在主页上尽量少使用图片、音频和视频等大容量数据。另外，也可以采用一些反应速度比较快的技术环境，如使用 CodeIgniter 框架等。

4. 版面设计

浏览者对网站的第一印象取决于版面设计，设计者需要仔细认真对待。主要信息应放置在主页的显著位置。

5. 文字的处理

文字的处理涉及两个方面，一个是内容，另外一个是形式。首先，必须保证文字内容用词准确、语句通顺、语法正确、叙述流畅，防止出现错误连篇、语法混乱、词不达意等现象，特别是不能出现错别字。其次，文字的周围尽量留有空间，避免浏览者有压抑感。再者，为了保证文字清晰可见，文字的颜色应该与其背景颜色明显区分，避免使用相近的颜色。最后，要注意文字字体的选择，通用字体一般用于正文，而特殊字体一般用于标题。

6. 标题的设计

标题的设计必须简明扼要，要准确反映文章的主题思想。为了醒目，标题和副标题选择同一字体，并且加粗，但是标题的字要大一号。

7. 网站导航

一般的阅读习惯是从左到右，从上到下，所以导航设置在页面顶部或者页面左边，上下过长的页面在底部设置一个导航也是一个不错的选择。一般一个网站的导航模式是相同的。

6.8.5 网站制作流程

网站制作涉及用户环境、需求分析、开发技术、网站发布、网站维护等过程，是一项系统而复杂的工作，必须遵循一定的流程和规范来进行，这样可以提高工作效率，减少失误，使设计工作有序开展。网站制作流程一般包括以下几个步骤。

1. 确定网站主题

首先要考虑的因素就是客户的网站主题是什么。是企业公司、政府机构，还是事业单位；是医院、学校，还是研究机构；是工业产品展示，还是农业产品销售。不同的机构，有不同的要求；不同的部门，有不同的计划；不同的单位，有不同的需求。

例如，展示和销售家电产品的网站，就应该着重展示其外观、功能、价格和售后服务；农产品的销售，就应该更多地展示其生产基地、新鲜程度、是否有机食品、是否使用了化肥农药，同时也应该更多地强调食品安全问题，医院的网站应该体现对生命的尊重，其网站设计应强调安静的色彩感觉。

其次，确定网站主题要以用户需求为基础。用户需求包括专业方面的需求和技术方面的需求。关于专业方面的需求，网站设计时，要求开发者(乙方)先要弄明白用户(甲方)的真实需求。做用户需求分析是一项非常麻烦、非常细致、非常费时、非常费力的工作。因为缺乏相关网站技术知识和网站行业经验，刚开始用户也不清楚自己要做一个什么样的网站，往往只告知乙方简单的网站需求。所以经常会发生这样的情况：乙方开发好了网站，甲方这时才会有针对性地提出很多意见，要求进一步修改，甚至是重做。为了避免这种不必要的重复劳动，乙方一开始就应该仔细引导，让甲方吐露自己的真实想法。反复沟通，多次交流，必要时可以给用户多看一些类似行业网站的网页，引导他们提出自己的真实需求。总之，乙方希望甲方开发前多提需求，开发结束后少提意见。

关于技术方面的需求，关键是乙方要认真了解甲方的网络环境，为下一步网站的发布做好需求分析。如果甲方没有网络环境，则乙方需要为甲方提供相应的技术支持，完成网络环境的搭建。必要时乙方还需要为甲方办理各种入网手续。

2. 搜集材料

在用户需求分析的过程中，要注意各种材料的搜集和整理。无论是用户的需求，还是用户环境的状况，都要仔细记录，分类整理。材料搜集得越全面，后续的开发可能越顺利。不能出现一边开发，一边不断地询问用户这种情况，这样会影响开发效率。

3. 规划网站

在充分了解了用户网站需求后，接下来就可以开始详细规划网站。技术、环境、内容、工作量、技术人员、开发时间等，都要进行详细的设计和规划。规划一旦确定，就不能随意更改。例如，用户网站使用的操作系统、数据库、Web 服务器、网站的栏目、项目负责人、技术人员、开发周期、测试时间等，都要仔细进行规划。

4. 选择开发工具

网站设计规划完成后，就要考虑客户的环境，选择开发工具。如果客户要求是 UNIX/Linux 环境下的网站，无论 Windows 开发技术多么高超，也是使不上力的。这时，就必须了解和熟悉 UNIX/Linux 下网站环境如何建立、配置、开发、维护等。

无论是 UNIX/Linux 环境，还是 Windows 环境，目前都是整套软件配置环境，如 XAMPP、护卫神、PHPWAMP、APMServ、WampServer、phpStudy、PHPnow、EasyPHP、AppServ、PHPMaker、VertrigoServ、XSite、WempServer。这些软件有 UNIX/Linux 环境版本的，也有 Windows 版本的，读者自己考查并选择。网上的相关资料也很多，读者自己浏览并学习。每一个软件都有自己适应的服务器、开发语言和数据库，开发者根据需要进行合理的选择。

5. 网站测试

网站开发和一般的软件开发一样，在开发的过程中，程序员要反复测试，必须保证程序逻辑上的正确性。网站开发结束后，要在多种浏览器中反复进行测试。如果用户网站有手机端的需求，则还需要在各种品牌的手机上进行测试。

6. 网站发布

开发的网站经过严格的测试没有问题后，就可在正式的环境下发布了。发布网站也是一项复杂的技术工作。发布的过程中会遇到各种意想不到的问题，需要长期的经验积累才能很好地解决这些问题。发布后的网站还需要进行线上网络测试，称为运行测试。运行测试包含的内容很多，读者可以参考相关的书籍和资料，这里不再赘述。

7. 后期维护

一切测试完好，网站开发结束，乙方将其交付给甲方，告知甲方必须要有专职的网站管理员来负责网站的维护。网站管理员是一个非常重要的岗位，他要定期查看网站日志，通过网站日志来了解分析网站被搜索、被访问、被攻击的情况，为网站的安全和访问提供有力的保障。特别是一些对数据比较敏感的单位的网站，如银行、保险公司、航空公司、车站等，必须按照要求及时备份数据。另外，对于一些重点网站，还要防止网站被病毒感染、黑客入侵，以免造成网站服务器崩溃，导致网站无法访问等情况发生。对开发的网站本身也要定期进行数据备份。

网络媒体之所以受到追捧，关键的原因就是信息的及时性。所以，对于网站内容也要及时更新维护，以便浏览者获取最新的数据信息。

思考和练习

1. 下载安装 CodeIgniter，并熟悉相应参数的配置。
2. 描述 PhpStorm 中从远程服务器网站上建立本地映射项目的过程。
3. MVC 的含义是什么？深刻理解 MVC 的编程思想。
4. 什么是 CMS？你了解和熟悉的 CMS 是哪个？
5. 一个内容管理系统通常有哪些要素？

6. 编写程序，使用 MVC 框架实现页面中加载静态内容页。

7. 在 MySQL 数据库中建立一个数据库和一个测试表 news。编写程序，实现从 MySQL 数据库中读取新闻条目并在网页上显示的功能。

8. 在题目 7 的基础上编写程序，实现数据库记录的添加功能。

9. 你对网页设计的每条原则是怎样理解的？

10. 请描述网站制作的流程。

参 考 文 献

[1] 张国勇，贺丽鹃. Dreamweaver CC 白金手册[M] . 北京：清华大学出版社，2015.

[2] 刘西杰，张婷. HTML CSS JavaScript 从入门到精通[M].3 版. 北京：人民邮电出版社，2016.

[3] phpstorm 的安装和破解[EB/OL]. 2017-5-22[2018-3-21]. http://www.cnblogs.com/Worssmagee1002/p/6233698.html.

[4] 新视角文化行. Flash CS6 动画制作实战从入门到精通[M] . 北京：人民邮电出版社，2013.

[5] 明日科技. PHP 从入门到精通[M] . 北京：清华大学出版社，2012.

[6] 朱养鹏，李高和，宋振涛. Java 程序设计及移动 APP 开发[M] . 西安：西安电子科技大学出版社，2020.